中国地质调查"全国地质勘查进展分析（项目编号：1212011121126）"项目资助

2015
地质勘查进展

姚晓峰　马　腾　张翠光　王　尧　主编

地质出版社
·北　京·

内 容 简 介

本书以2015年度全国各省（区、市）国土资源厅上报的地质勘查数据和地质勘查类各国家财政专项成果资料为基础，汇总分析了全国矿产勘查、基础地质调查、水文地质、环境地质与地质灾害调查评价、地质科技、地质资料服务与信息化专业领域中的投入资金、完成工作量、取得成果等内容，旨在及时向社会提供公益性和商业性地质勘查信息，提升地质勘查成果的社会化服务效率与水平。

本书可供国土资源管理人员、地质勘查研究人员及院校师生参考。

图书在版编目（CIP）数据

2015地质勘查进展/姚晓峰等主编. —北京：地质出版社，2016.6

ISBN 978-7-116-09809-1

Ⅰ. ①2… Ⅱ. ①姚… Ⅲ. ①地质勘探－进展－中国－2015 Ⅳ. ①P624

中国版本图书馆CIP数据核字(2016)第159482号

2015 Dizhi Kancha Jinzhan

责任编辑：肖莹莹

责任校对：关风云

出版发行：地质出版社

社址邮编：北京市海淀区学院路31号，100083

电　　话：(010) 66554582（邮购部）；(010) 66554576（编辑部）

网　　址：http://www.gph.com.cn

传　　真：(010) 66554576

印　　刷：北京地大天成印务有限公司

开　　本：889mm × 1194mm 1/16

印　　张：4

字　　数：100千字

版　　次：2016年6月北京第1版

印　　次：2016年6月北京第1次印刷

定　　价：40.00元

书　　号：ISBN 978-7-116-09809-1

《2015 地质勘查进展》

编·委·会

前言

地质勘查是指根据经济社会发展的需要，采取相应的工作手段，对地球表层特定区域内的岩石、构造、能源与矿产资源、地下水、地貌、地质环境、地质灾害等地质情况进行针对性的调查研究工作，是人类科学认识地球、利用地球、保护地球与管理地球的重要手段。早在2007年，国土资源部为了及时了解全国地质勘查情况，进一步有效引导和调控地质勘查投资方向与布局，促进找矿突破与环境保护，在全国建立了依托地勘单位填报、省级国土资源主管部门审核、国土资源部审核的三级成果通报制度，并委托中国地质调查局发展研究中心承担“全国地质勘查进展分析”项目，开展年度地质勘查进展分析与研究工作。经过不断努力，目前该项工作已经形成了一套完整的工作体系，于2010年建立了“全国地质勘查成果直报系统”（网址：http: //219.142.81.28:8080/cgw），由全国具有地勘资质的单位自下而上逐级填报、逐级审核，已成为地质勘查领域最权威、最全面的数据来源。

本书主要介绍了2015年度全国基础地质调查、矿产勘查、水文地质、环境地质与地质灾害调查、地质科技、地质资料服务与信息化等专业领域中的投入资金、完成工作量、取得成果等内容，并附录了年度重要统计数据。

本书中的研究成果数据，来源于“全国地质勘查成果通报网络直报系统”中各省（区、市）国土资源主管部门、各行业地勘总局的上报数据。统计范围包含除香港、澳门及台湾外的全国所有具有地勘资质的2000多家地勘单位。在矿种上，未统计石油、天然气、煤层气、页岩气等矿种的相关信息。主要矿种新增查明资源储量为各省（区、市）国土资源主管部门、各行业地勘总局上报的、未经储量评审机构评审但已通过工程控制的资源量（333及以上）。

资金统计中，中央财政资金部分根据地质矿产调查评价专项、海洋地质保障工程等数据进行了修订。

本书是全体参与人员共同劳动的结晶。参加编写的主要人员有：姚晓峰、马腾、张翠光、王尧、杨建锋、张万益、冯艳芳、李仰春、张鑫刚、陈洁茹等。编写过程中，始终得到国土资源部地质勘查司等有关司局，中国地质调查局有关部（室），各省（区、市）国土资源主管部门，武警黄金部队指挥部、中央地质勘查基金中心、中国冶金地质总局、中国煤炭地质总局、中化地质矿山总局、有色金属矿产地质调查中心、中国建材工业地质勘查中心、核工业地质局等行业地勘单位及有关单位领导和专家的支持与帮助。彭齐鸣、王昆、车长波、牛力、张巨华、童海奎、严光生、邢树文、肖桂义、郝爱兵、任收麦、许振强、董庆吉、曹佳文、蔡纲、齐亚彬、薛迎喜、施俊法、李剑、龙宝林等领导和专家对编写工作给予了悉心指导，并提出了宝贵意见，在此一并表示诚挚的谢意。

由于时间仓促，加之编写人员水平有限，文中差错难免，敬请批评指正。

《2015 地质勘查进展》编委会

2016 年 5 月 16 日

目录

2015年，我国地质勘查投入[1]延续了2013年以来的下滑态势，以2012年为拐点，继续下行。

一、地质勘查投入

（一）资金投入总体情况

全国地质勘查投入资金327.88亿元，同比减少18.6%（图1，附表1）。

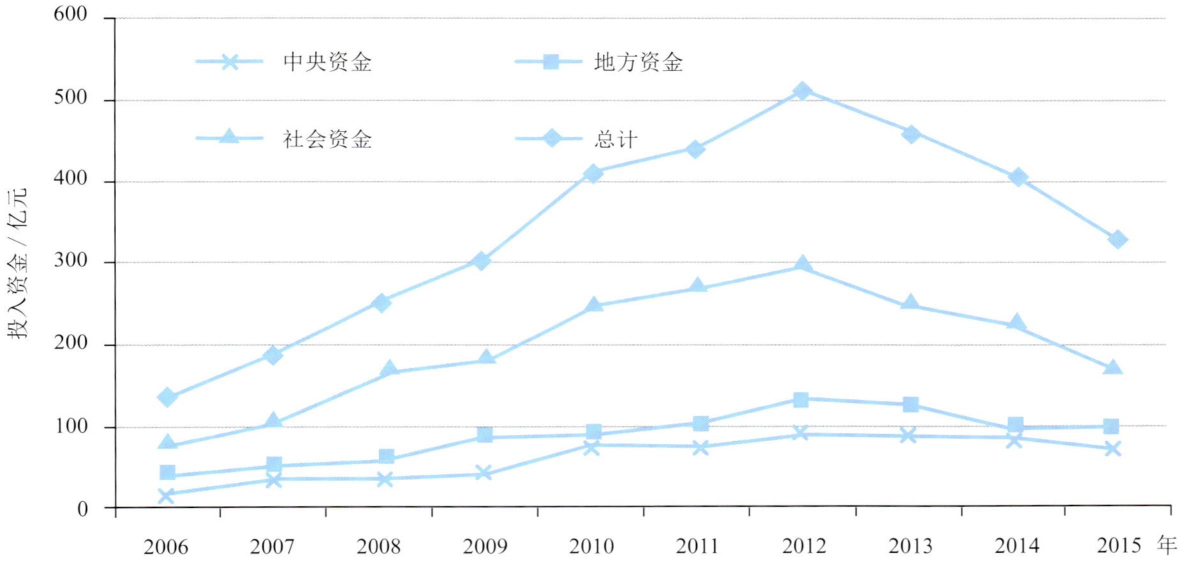

图1　全国地质勘查投入资金总额年度变化图

资金来源：中央财政70.71亿元，占总量的21.6%，同比减少15.0%；地方财政95.24亿元，占总量的29.0%，同比减少1.0%；社会资金161.93亿元，占总量的49.4%，同比减少27.5%。自2006年以来，社会资金占比首次低于50%，商业性地质勘查活动进一步收缩（图2、图3）。

[1] 本书未统计香港特别行政区、澳门特别行政区和台湾省资料；所有勘查投入数据不包括石油、天然气、页岩气、煤层气矿产勘查投入。下同。

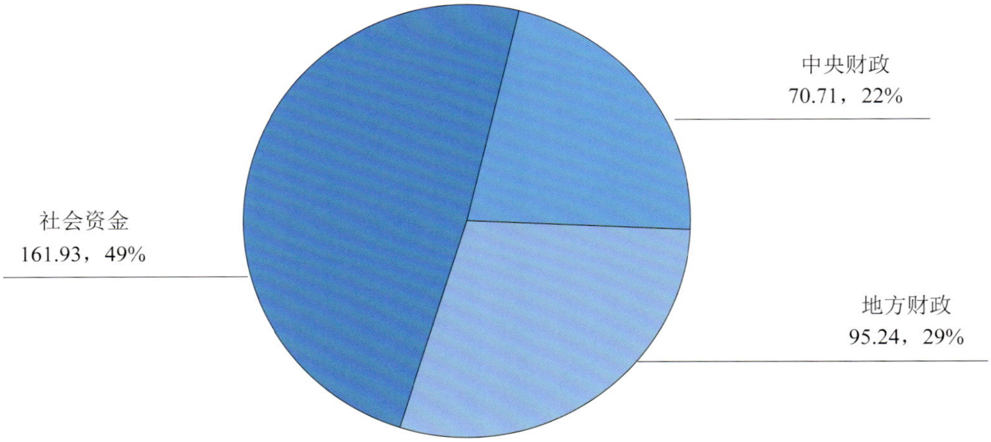

图2　2015年度全国地质勘查投入资金来源分布图
（单位：亿元）

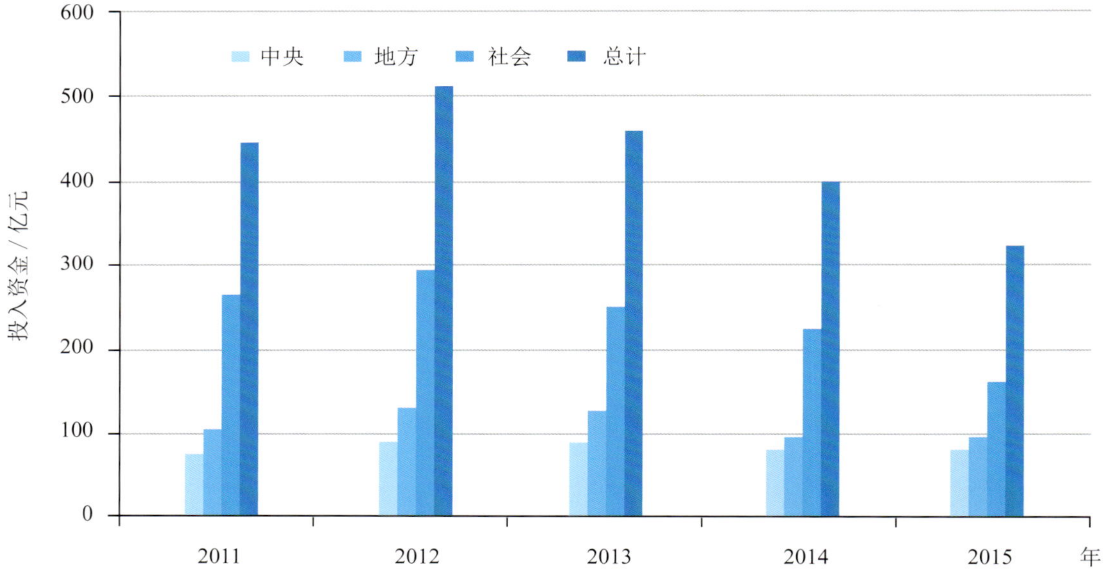

图3　全国地质勘查投入资金来源年度变化图

资金投向：矿产勘查240.22亿元，占总量的73.3%，同比减少19.7%；基础地质调查40.43亿元，占总量的12.3%，同比减少9.8%；水文地质、环境地质与地质灾害调查评价26.80亿元，占总量的8.2%，同比减少26.0%；地质科技16.85亿元，占总量的5.1%，同比减少12.6%。资料服务与信息化3.58亿元，占总量的1.1%，同比增加4.1%（图4）。

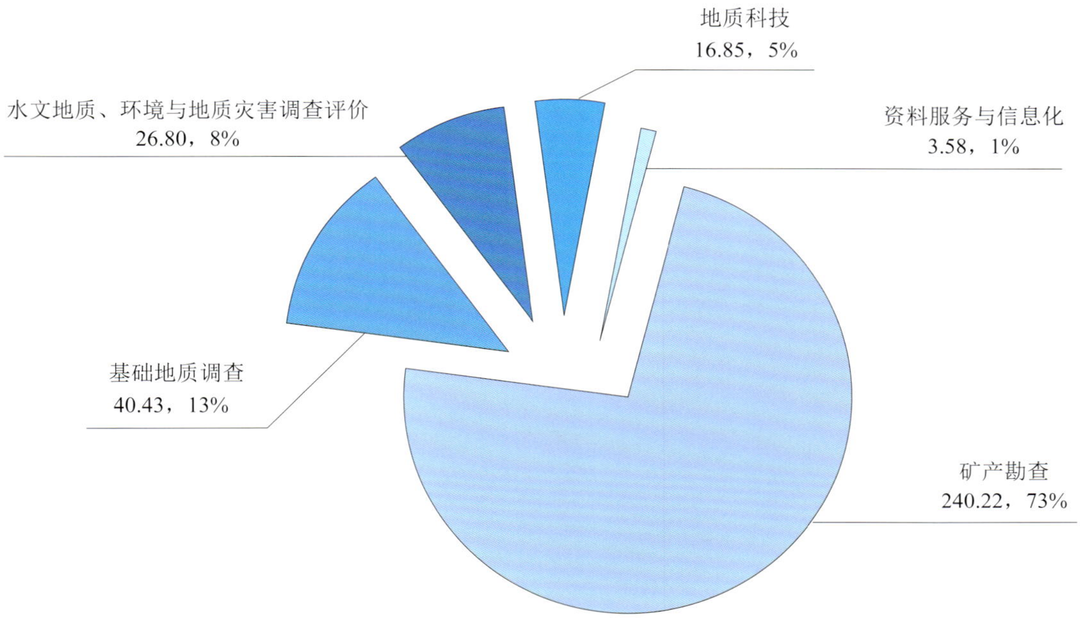

图4 2015年全国地质勘查资金总额投向分布图
（单位：亿元）

资金投入排名前5位的省（区）依次是：新疆（64.58亿元）、内蒙古（39.85亿元）、黑龙江（19.77亿元）、山东（14.51亿元）、甘肃（13.43亿元）（图5）。

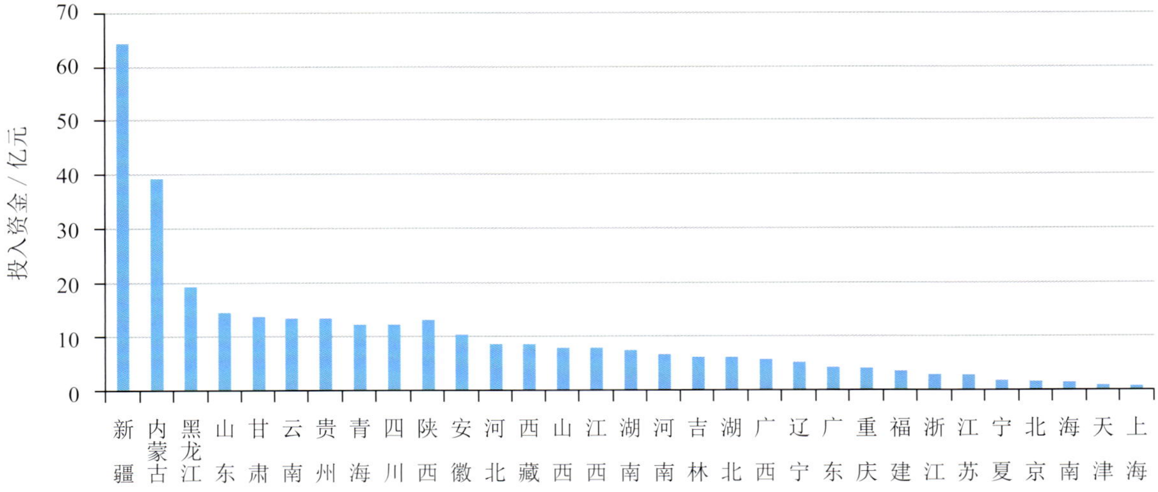

图5 2015年各省（区、市）地质勘查投入示意图

（二）矿产勘查

投入资金240.22亿元（附表2），同比减少19.7%。

资金来源：中央财政27.75亿元（附表3），占11.6%，同比增加15.1%；地方财政60.27亿元（附表4），占25.1%，同比减少5.5%；社会资金152.20亿元（附表5），占63.3%，同比减少27.9%（图6、图7）。

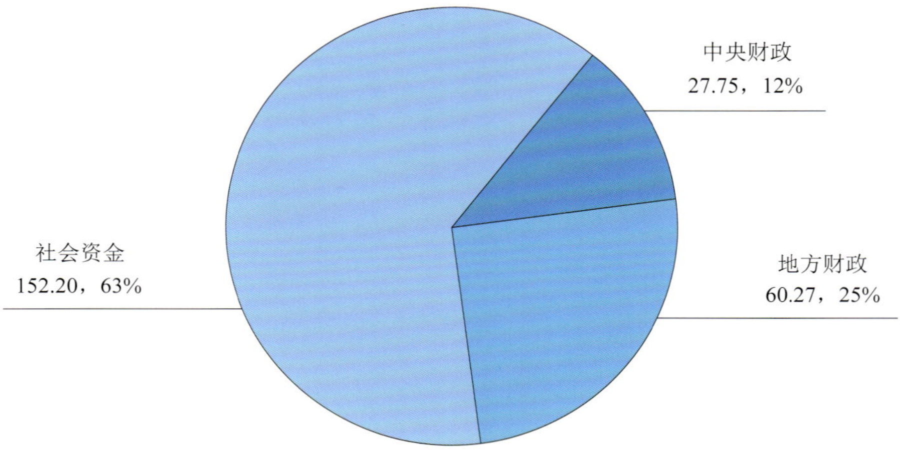

图6　2015年全国矿产勘查投入资金来源结构示意图
（单位：亿元）

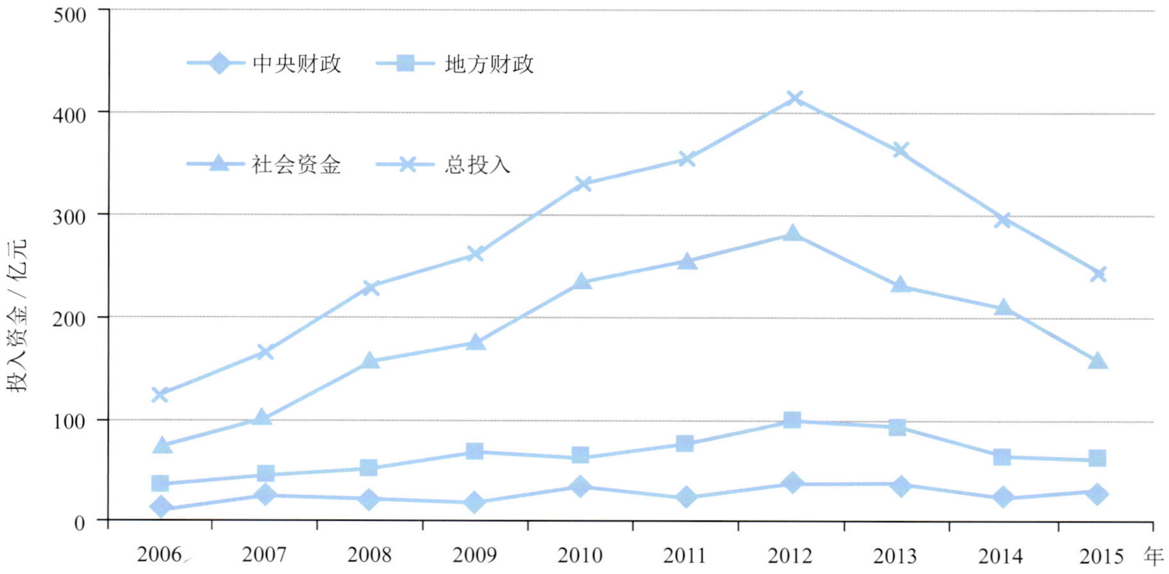

图7　全国矿产勘查投入资金来源年度变化图（2006～2015年）

资金投向：铜（49.67亿元）、金（50.61亿元）、煤（32.38亿元）、铅锌（19.38亿元）、铁（17.61亿元）为主，占总投入的70.0%。相比2014年，煤、铁、铅锌、铝土、镍、钨、锡等矿种投资降幅较大，铀、钼、钾盐、石墨等矿种投资略有增加（图8、表1）。

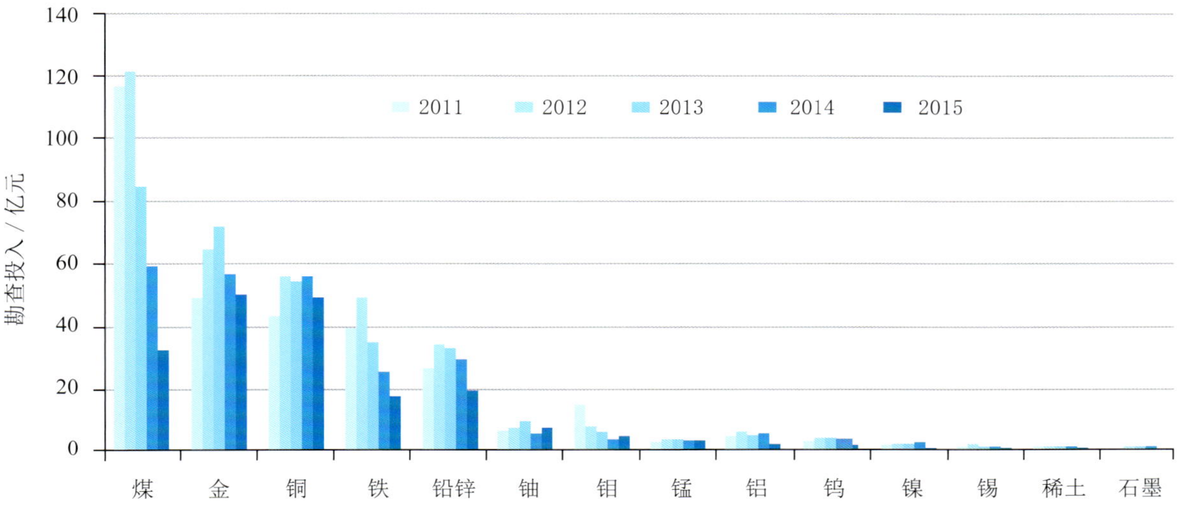

图8　2011～2015年煤、金、铜等14个矿种勘查投入

表1　2015年主要矿种投入勘查资金和完成钻探工作量

矿种	资金投入/亿元	同比变化/%	钻探工作量/万米	同比变化/%
煤炭	32.38	−45.4	210	−48.9
铀	8.03	29.9	50	−2.0
铁	17.61	−31.0	97	−41.2
锰	3.52	0.0	18	−14.3
铜	49.67	−11.6	232	−14.4
铅锌	19.38	−35.3	138	−27.0
铝土矿	2.41	−60.5	28	−45.1
镍	1.27	−57.9	8	−52.9

续表

矿种	资金投入/亿元	同比变化/%	钻探工作量/万米	同比变化/%
钨	2.4	−31.6	18	−40.0
锡	1.02	−45.5	4	−63.6
钼	4.94	21.1	23	−28.1
金	50.61	−10.6	289	−21.5
银	4.71	−26.4	26	−36.6
磷	4.14	−16.0	35	−16.7
石墨	1.31	3.1	5	−50.0
钾盐	1.61	56.3	1	−50.0
稀土	1.2	−10.4	5	25.0

资金投入前5位的省（区）依次是：新疆（56.59亿元）、内蒙古（34.06亿元）、山东（11.97亿元）、甘肃（11.06亿元）、黑龙江（10.76亿元）（图9）。

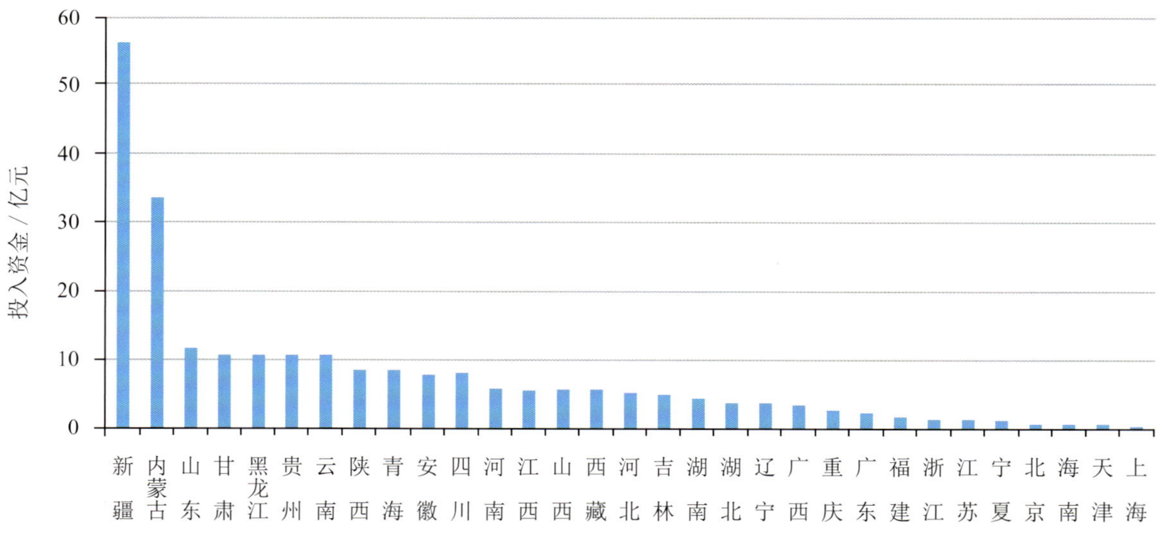

图9　2015年度全国矿产勘查投入资金对比图

实施项目10138项次，同比减少23.2%；其中，新开3277项次，续作6861项次。完成钻探工作量1324万米，同比2014年减少28.6%。（图10、附表6）。

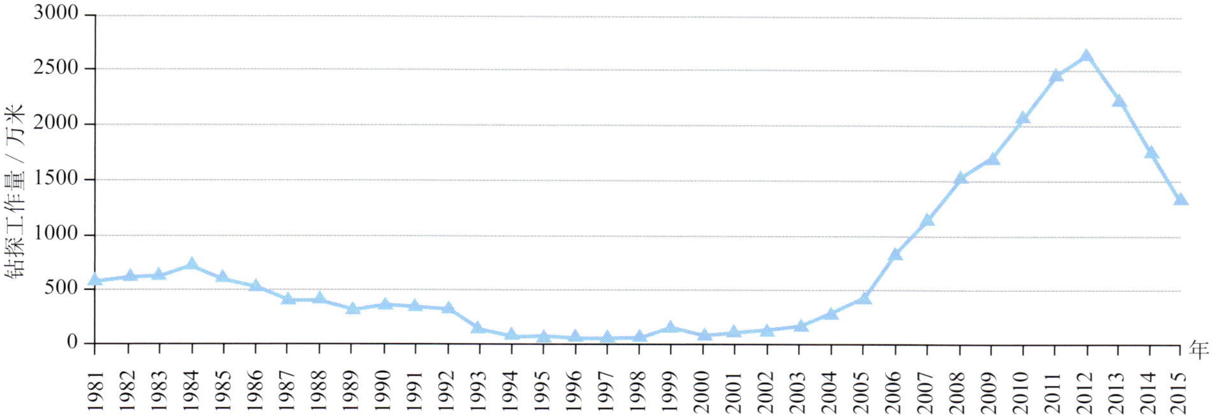

图10 1981～2015年全国非油气矿产钻探工作量

（1981～1999年数据引自陈毓川（2013），2000～2005引自中国国土资源年鉴）

完成钻探工作量排名前5位的省份依次是：内蒙古（204.40万米）、新疆（199.20万米）、山东（106.00万米）、贵州（83.92万米）、安徽（64.32万米）（图11、附表6）。

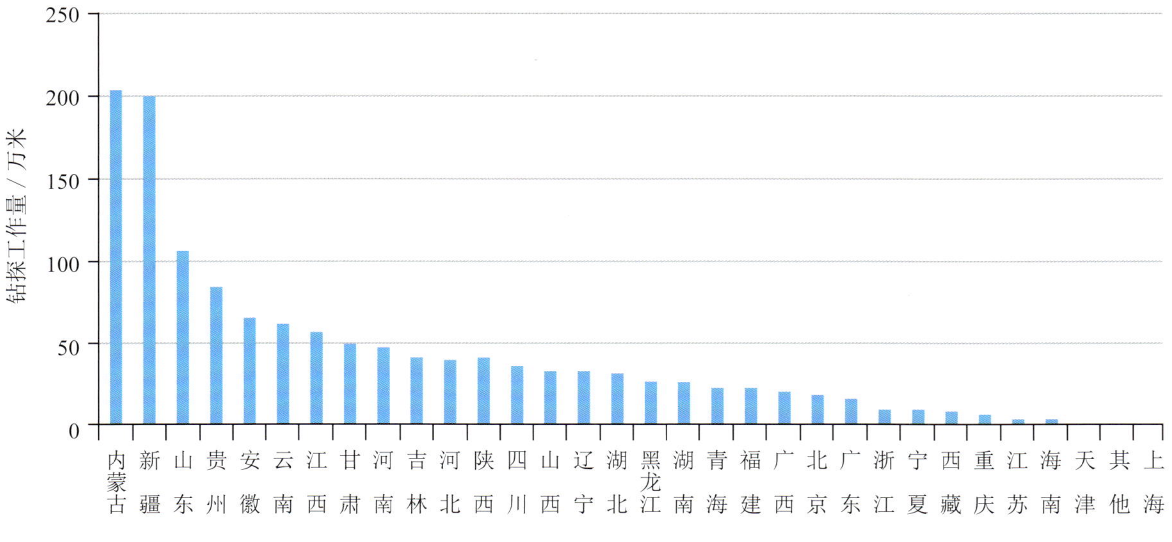

图11 2015年度全国矿产勘查完成钻探工作量对比图

（三）基础地质调查

投入资金40.43亿元（附表8），同比减少9.8%。

资金来源：中央财政24.57亿元，占60.8%，同比减少26.6%；地方财政15.22亿元，占37.6%，同比增长40.5%；社会资金0.64亿元，占1.6%，同比增加33.3%（图12、图13）。

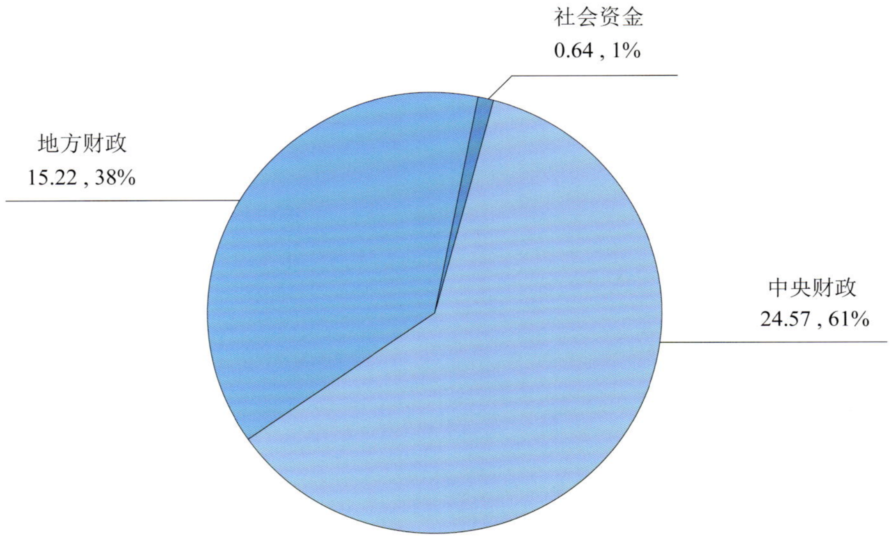

图12　2015年全国基础地质调查投入资金来源结构示意图
（单位：亿元）

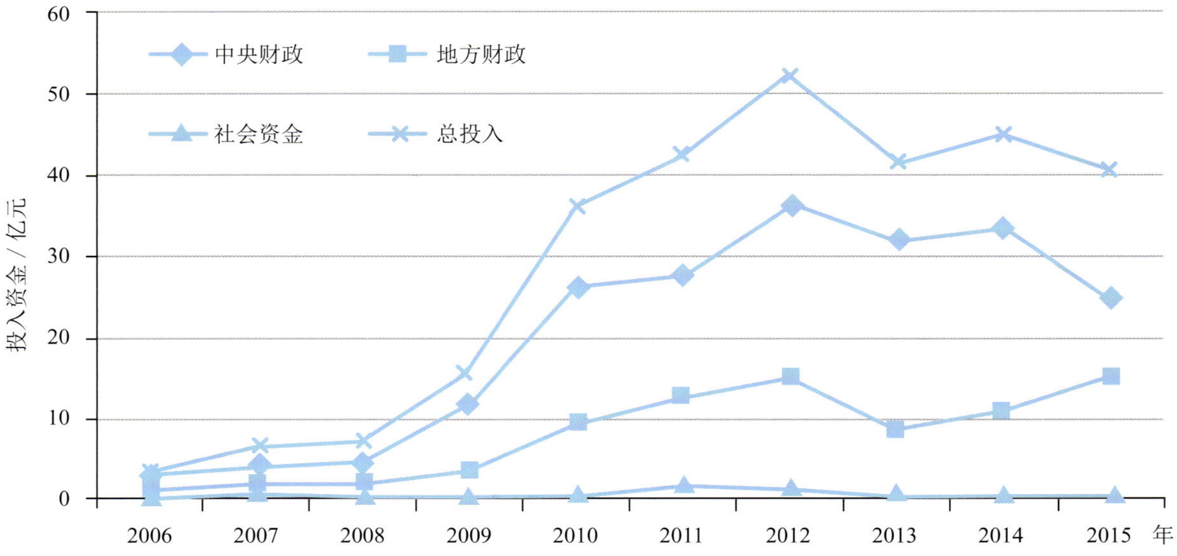

图13　全国基础地质调查资金来源年度变化对比图（2006～2015年）

资金投向：区域地质调查13.30亿元，区域地球物理调查3.23亿元，区域地球化学调查2.45亿元，遥感地质调查1.15亿元，矿产远景调查15.95亿元，海洋地质调查2.92亿元，其他1.43亿元（图14）。

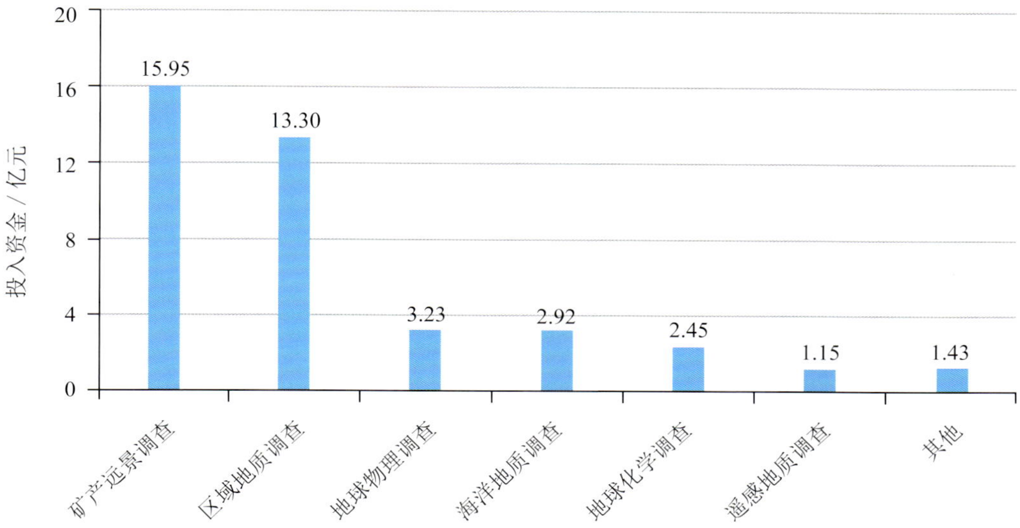

图14 2015年全国基础地质调查资金投向图

投入排名前5位的省（区）依次是：黑龙江（6.50亿元）、新疆（6.32亿元）、内蒙古（4.76亿元）、西藏（2.27亿元）、青海（1.92亿元）（附表8）。

实施项目1209项次，同比减少13.2%；其中，新开479项次，续作730项次。

（四）水文地质、环境地质与地质灾害调查

投入资金26.80亿元（附表9），同比减少26.0%。

资金来源：中央财政10.99亿元，占41.0%，同比减少27.7%；地方财政13.34亿元，占49.8%，同比减少18.5%；社会资金2.47亿元，占9.2%，同比减少46.8%（图15、图16）。

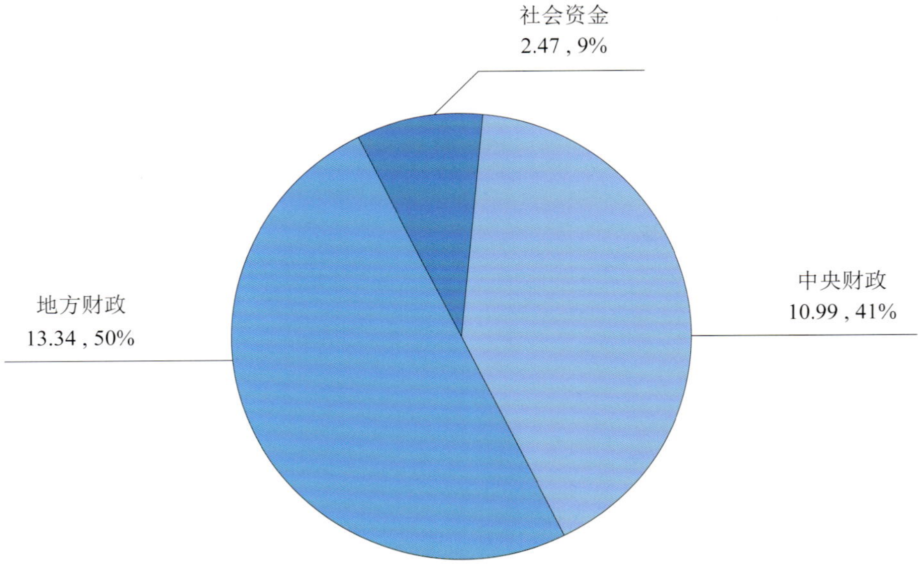

图15　2015年全国水文地质、环境地质与地质灾害调查投入资金来源图（单位：亿元）

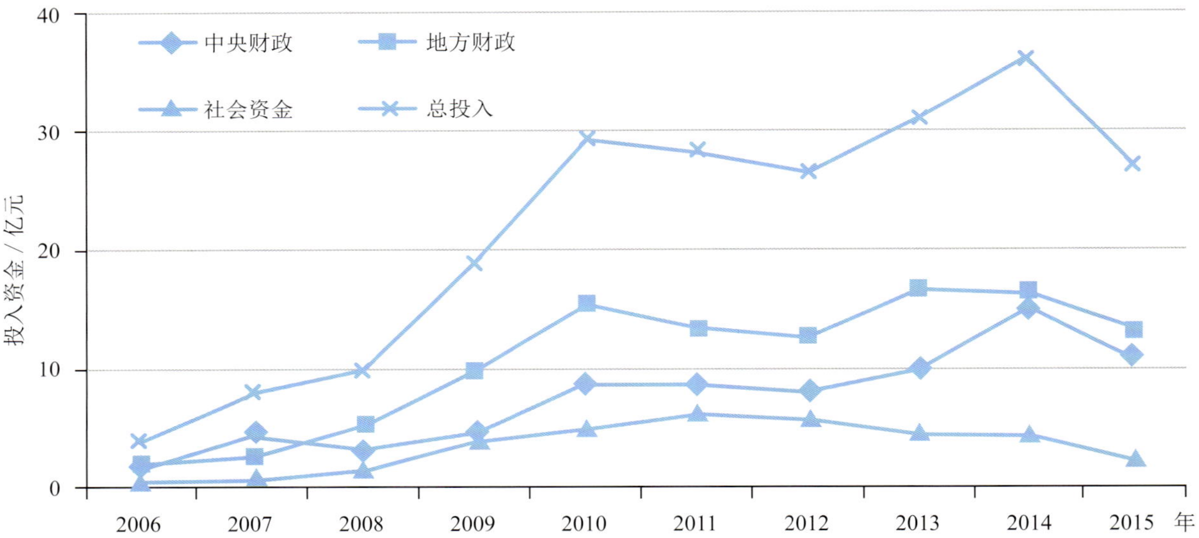

图16　2015年全国水文地质、环境地质与地质灾害调查评价投入资金来源分布对比图（2006～2015）

资金投向：水文地质调查10.14亿元，环境地质调查6.58亿元，地质灾害调查与监测6.56亿元，地热资源调查等其他工作3.52亿元（图17）。

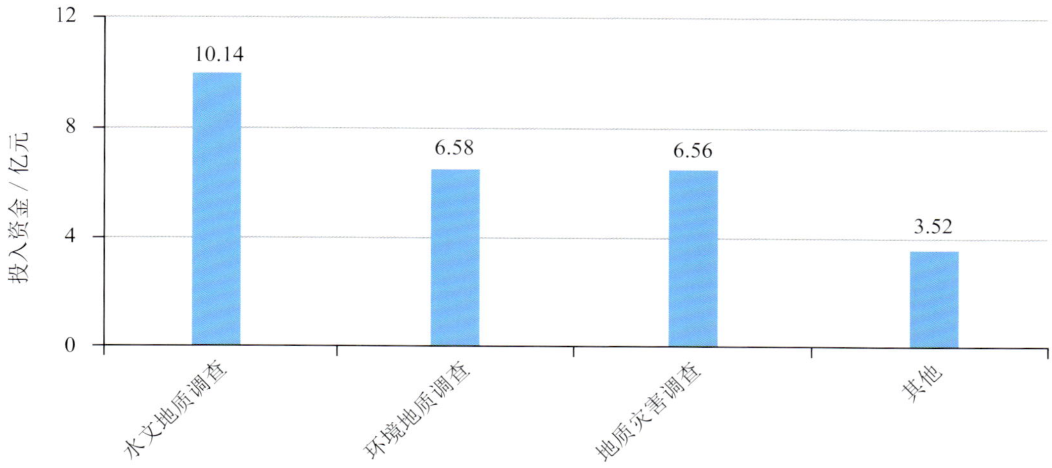

图17　2015年全国水文地质、环境地质与地质灾害调查评价投入资金投向图

实施项目1250项次，同比减少25.8%；其中，新开965项次，续作285项次。

（五）地质科技

投入资金16.85亿元，同比减少12.6%。

资金来源：中央财政3.82亿元，占22.7%，同比减少44.6%；地方财政6.42亿元，占38.1%，同比增加22.3%；社会资金6.61亿元，占39.2%，同比减少7.3%（图18、图19）。

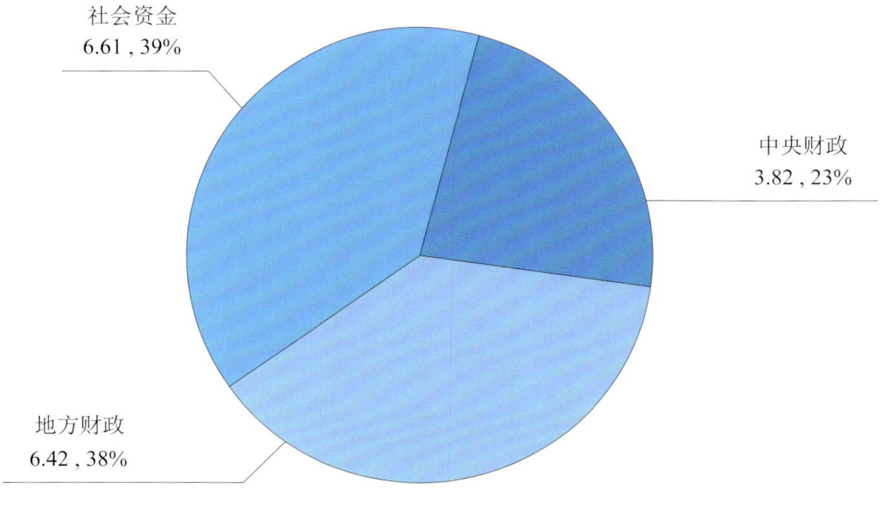

图18　2015年全国地质科技投入资金来源结构图
（单位：亿元）

资金投向：地质科学研究8.06亿元，技术方法创新1.92亿元，各类报告编写6.87亿元（图20）。

实施项目2367项次，同比减少7.9%；其中，新开1704项次，续作663项次。

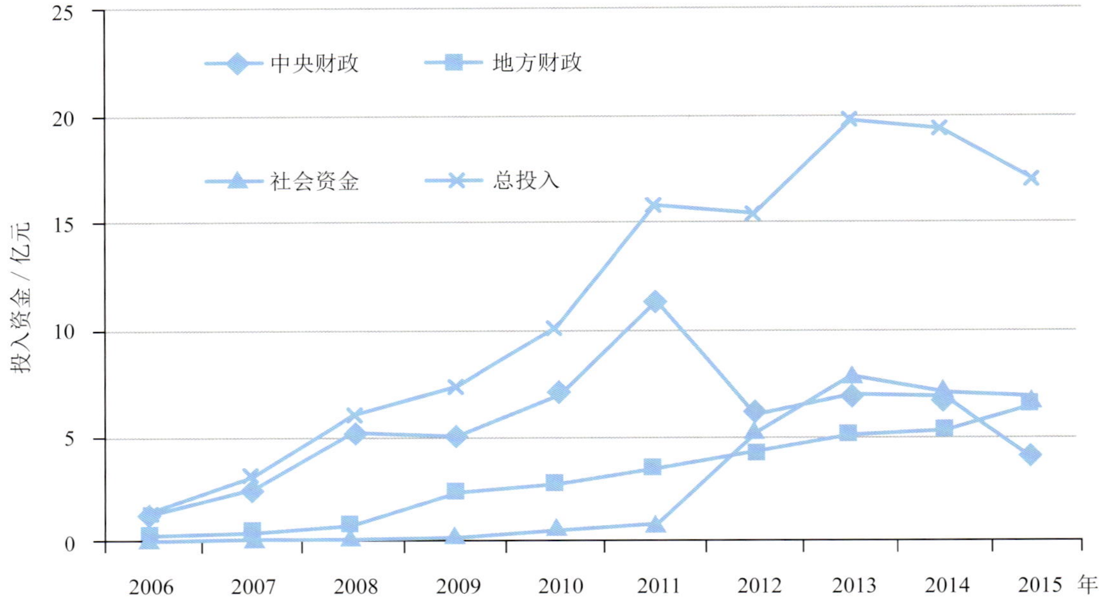

图19　全国地质科技投入资金来源年度分布图（2006～2015）

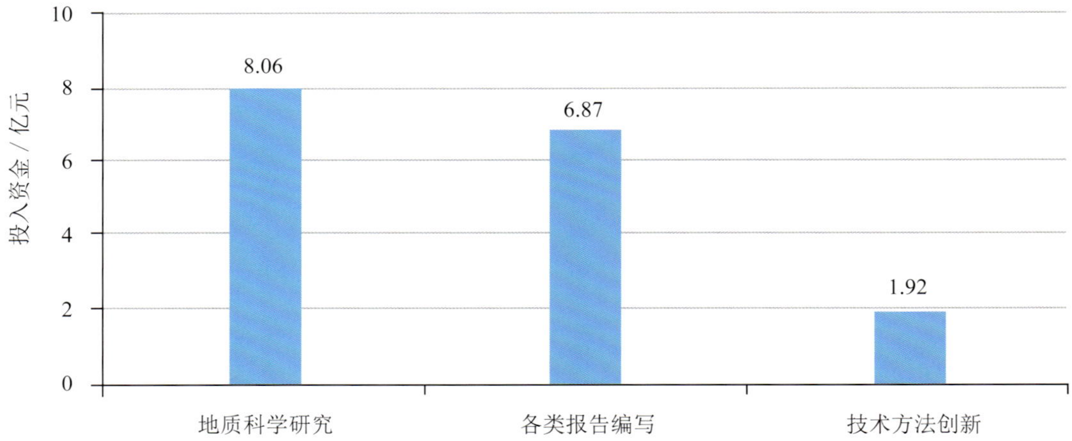

图20　2015年全国地质科技资金投向图

（六）地质资料服务与信息化

投入资金3.58亿元，主要是中央财政投入，同比增加4.1%。

二、矿产勘查

（一）新发现矿产地和新增资源

全国新发现矿产地160个（附表11），其中，大型43处，中型55处，小型62处（图21、附表11）。新发现矿产地数量排名前5位的矿种依次是：金（23处）、煤（18处）、铅锌（13处）、铁（11处）、铜（7处）（图22）。

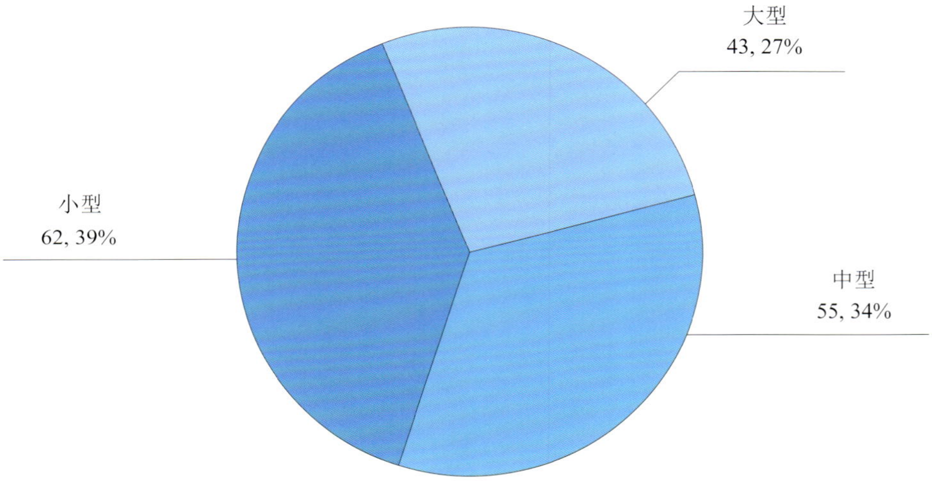

图21　2015年全国矿产勘查工作新发现矿产地比例

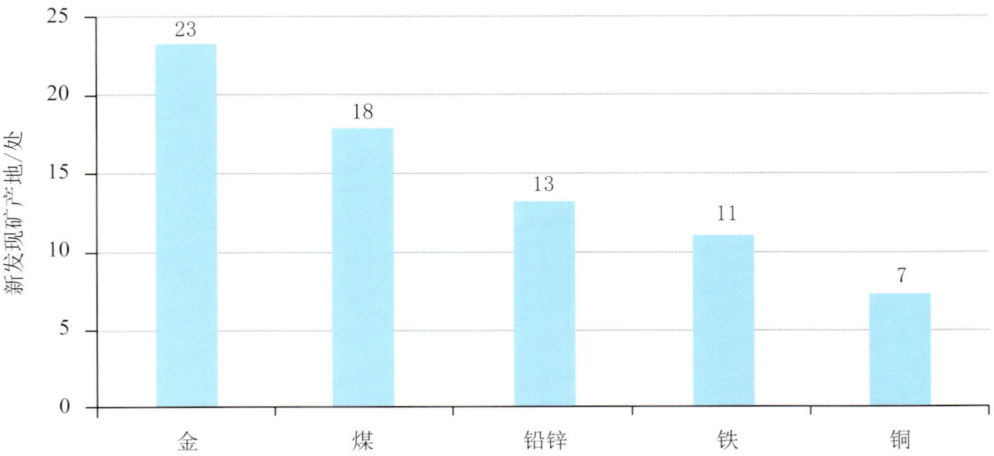

图22　2015年全国矿产勘查工作部分矿种新发现矿产地数量

新发现矿产地分布地区中，煤炭主要分布于内蒙古、贵州、新疆、山西等地，铁矿主要分布于江西、安徽、甘肃等地，铜矿主要分布于新疆、云南等地，铅锌矿主要分布于内蒙古、四川等地，金矿主要分布于山东、新疆、内蒙古、湖南等地。

全国完成阶段性勘查的矿产地595处，其中预查52处，普查217处、详查233处、勘探93处。完成阶段性勘查矿产地数量排名前5 位的依次是：金（86处）、铅锌（74处）、煤（72处）、银（40处）、铜（38处）（图24）。

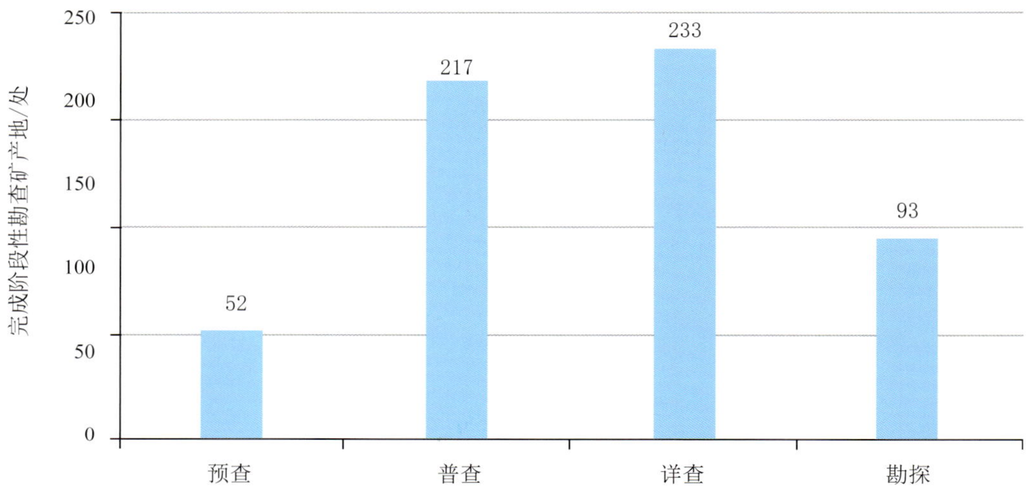

图23　2015年全国完成阶段性勘查矿产地数量

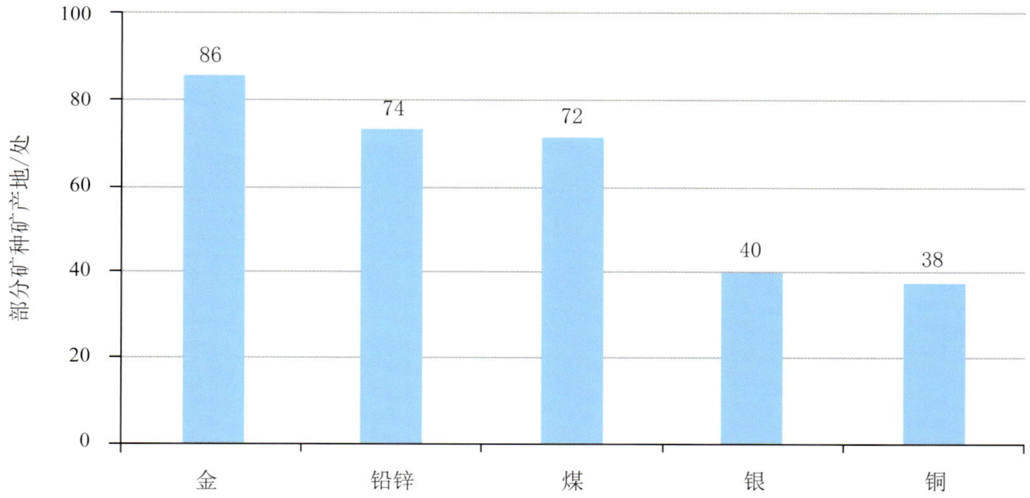

图24　2015年全国完成阶段性勘查的部分矿种矿产地数量

主要矿种新增资源（333及以上）[1]煤285亿吨，铁矿石21亿吨，铜405万吨，锰矿石0.2亿吨，铝土矿石1.7亿吨，铅锌1778万吨，钨（WO_3）21万吨，钼41万吨，金241吨，银1383吨，磷矿石4亿吨。

（二）主要矿种勘查成果

1. 煤炭

新发现矿产地18处（大型7处、中型6处、小型5处）。完成阶段性勘查的矿产地72处（预查9处、普查26处、详查20处、勘探17处）。

河南获嘉县马厂地区新增煤炭27亿吨，郑州市荥巩煤田上街–竹川地区新增煤炭6亿吨；贵州金沙县禹谟煤炭整装勘查新增煤炭17亿吨；新疆鄯善县库姆塔格–沙尔湖煤矿区新增煤炭18亿吨，准东煤田吉木萨尔县大庆沟勘查区新增煤炭26亿吨，吉木萨尔县五彩湾矿区四号露天矿田新增煤炭11亿吨，伊南煤田梧桐沟勘查区新增9亿吨。

2. 铁矿

新发现矿产地11处（大型2处、中型3处、小型6处）。完成阶段性勘查的矿产地37处（预查4处、普查11处、详查15处、勘探7处）。

四川攀枝花市纳拉箐矿区新增铁矿石3.6亿吨；云南金平县马鞍底矿区新增铁矿石1亿吨；甘肃张掖市卡瓦一带新增铁矿石1.5亿吨。

3. 铜矿

新发现矿产地7处（大型1处、中型4处、小型2处）。完成阶段性勘查的矿产地38处（预查2处、普查9处、详查18处、勘探9处）。

西藏改则县拿若矿区新增铜251万吨；新疆哈密市延东矿区新增铜84万吨，伴生钼4万吨，伴生银332吨。

4. 铅锌矿

新发现矿产地13处（大型3处、中型6处、小型4处）。完成阶段性勘查的矿产地74处（预查4处、普查29处、详查26处、勘探15处）。

[1] 2015年勘查新增资源，未经过储量评审机构评审。下同。

新疆和田县火烧云一带新增铅锌1578万吨；河南栾川县中营—嵩县矿区新增铅67万吨；云南西畴县嘎机地区新增锌39万吨、铅5万吨。

5. 铝土矿

新发现矿产地1处（中型1处）。完成阶段性勘查的矿产地14处（预查3处、普查8处、详查2处、勘探1处）。

广西龙州县民建地区新增铝土矿731万吨。

6. 锑矿

新发现矿产地2处（大型1处、小型1处）。完成阶段性勘查的矿产地4处（普查3处、详查1处）。

新疆民丰县硝尔库勒锑矿新增11万吨。

7. 金矿

新发现矿产地23处（大型1处、中型8处、小型14处）。完成阶段性勘查的矿产地86处（预查9处、普查32处、详查35处、勘探10处）。

山东烟台市金庄矿区深部及外围新增金69吨；湖南平江县万古矿区新增金26吨；甘肃合作市以地南矿区新增金37吨。

8. 银矿

新发现矿产地5处（中型4处、小型1处）。完成阶段性勘查的矿产地40处（预查3处、普查14处、详查18处、勘探5处）。

内蒙古西乌珠穆沁旗白音查干东山矿区新增银9446吨；青海海西自治州那更康切尔沟地区新增银1329吨。

9. 稀土、稀有、稀散矿产

新发现矿产地5处（中型3处、小型2处）。完成阶段性勘查的矿产地21处（预查1处、普查11处、详查6处、勘探3处）。

湖南平江县仁里矿区新增铌原生矿（Nb_2O_5）0.52万吨、钽原生矿（Ta_2O_5）3372吨、铷（Rb_2O）5359吨；四川马尔康县党坝矿区新增锂（Li_2O）66万吨，铍（BeO）20789吨、铌原生矿（Nb_2O_5）0.44万吨、钽原生矿（Ta_2O_5）2184吨,甘孜州甲基卡新增锂（Li_2O）64.31万吨。

10. 磷矿

新发现矿产地3处（大型1处、中型2处）。完成阶段性勘查的矿产地18处（普查7处、详查7处、勘探4处）。

四川凉山彝族自治州雷波县牛牛寨磷矿北矿区新增磷矿4亿吨。

11. 石墨

新发现矿产地5处（大型3处、中型1处，小型1处）。完成阶段性勘查的矿产地7处（普查1处、详查5处、勘探1处）。

内蒙古阿拉善左旗查汗木胡鲁矿区新增石墨703万吨，乌拉特中旗高勒图矿区新增579万吨；河南淅川–西峡县龙头矿区新增石墨125万吨，西峡大路沟矿区新增石墨170万吨。

12. 萤石

新发现矿产地3处（大型2处、小型1处）。完成阶段性勘查的矿产地9处（预查1处、普查4处、详查4处）。

浙江安吉县报福镇蒲芦坞矿区新增萤石234万吨；河南新县孙庄地区新增萤石104万吨。

三、基础地质调查

（一）区域地质调查

完成1∶5万区域地质调查19.4万平方千米，1∶25万区域地质调查1.6万平方千米。

（二）区域地球物理调查

完成1∶25万区域重力调查1.52万平方千米，1∶5万重力测量1.3万平方千米，1∶5万航空物探23.7万平方千米。

（三）区域地球化学调查

完成1∶5万地球化学调查1.42万平方千米，1∶25万地球化学调查5.54万平方千米，1∶25万土地质量地球化学调查8.1万平方千米。

（四）矿产地质调查

完成1∶5万矿产地质调查9.7万平方千米，圈定物化探异常3300余处，圈定找矿靶区500余处，发现矿（化）点1250处。

（五）海洋区域地质调查

完成了13个图幅1∶25万海洋区域地质调查年度任务。

四、水文地质、环境地质与地质灾害调查

（一）水文地质调查

完成1：5万水文地质调查5万平方千米，1：25万水文地质调查1.5万平方千米。积极推进革命老区、特困区和生态脆弱区的1：5万水文地质调查，实施探采井300眼，解决32万群众饮水问题。贵州省开展了大规模地下水勘查工程，组织省内40多家地勘队伍，共成井3712眼。河北、河南、山东、江苏等省首批350眼地下水监测井正式开工建设。

（二）环境地质调查

完成1：5万环境地质调查6万平方千米。加快推进京津保核心功能区、北京新机场规划区、北京副中心规划区、苏南现代化建设示范区、海南文昌航天城等重点地区1：5万环境地质调查，为规划建设提供支撑服务。与湖南、浙江、江苏合作，在长株潭城市群、嘉兴城市、丹阳小城镇等开展不同层次的城市地质调查，有效服务新型城镇化建设。

（三）地质灾害调查

完成1：5万灾害地质调查3.36万平方千米，累计完成55万平方千米。在三峡库区、乌蒙山区等地开展1：5万地质灾害调查与风险评价示范，显著提高地质灾害早期识别准确率和评价精度。编制了2015年全国地面沉降、地裂缝调查监测报告，有效支撑了地面沉降部际联席会议制度。支撑了“4·25”尼泊尔地震西藏灾区等重大地质灾害应急调查。

五、地质科学研究与技术方法创新

正式发布实施新一代地层表。新的《中国地层表》是在2001年发布的《中国区域年代地层（地质年代）表》基础上，总结近年来国内外地层学研究成果，按照中国北方、南方和青藏高原三大区域列出地层发育系统岩石地层和生物地层特征，同时反映了主要地层系统不同相变特征以及磁性地层、化学地层、事件地层和海平面变化特征。

古生物研究取得新进展。远安动物群中脊椎动物化石发掘取得重大突破，在辽宁北票四合屯发现了一种新的鸟类化石——林氏星海鸟，在江西赣州发现霸王龙新类型——中国虔州龙，在内蒙古阿拉善盟发现晚白垩世恐龙动物群，在河南淅川盆地发现8窝原地埋藏的恐龙蛋化石。在三峡地区埃迪卡拉纪地层剖面发现丰富的微体化石。

扬子–华夏地块碰撞时限取得新认识。在赣东北蛇绿混杂岩带中发现约800Ma的高镁安山岩，指示当时扬子东南缘仍存在洋壳俯冲，扬子和华夏两大块体尚未发生碰撞拼合；在浙江龙游地区发现早古生代榴闪岩，暗示两大地块可能在加里东期才真正碰撞拼贴，并曾经历了强烈的深俯冲–快速折返过程。

创新地下水保障能力评价理论。在破解黄淮海平原地下水超采程度与气候、农作物播种强度、陆表水文和地下水资源状况之间关系的基础上，创建了适用于我国粮食主产区的地下水保障能力评价理论、方法和指标体系，提出了压减耗水作物播种区域和调减农业开采量目标，可为缓解地下水超采提供重要的科技支撑。

首次揭示南极大陆岩石圈三维整体框架。在国际极地年旗舰项目多国联合工作中，通过使用中、美等国家在南极内陆高原获得的最新天然地震观测与其他共享观测，历经数年技术研发，获得了南极板块高精度莫霍面深度、岩石圈厚度、剪切波速、温度场和地表热流三维岩石圈结构参数。

六、地质资料社会化服务

全国地质资料馆和31省（区、市）地质资料馆藏机构共接待到馆阅者2.33万人次，提供资料服务1044万份次，全国各级地质资料馆藏机构网站点击量444.55万次。

成果地质资料和原始地质资料汇交量稳步增长。全年共汇交成果地质资料12887种，主要为矿产地质和水工环类资料。截至2015年11月底，部、省两级地质资料馆藏机构地质资料总量达47.55万种，较2014年增长3.5%。全年共接收原始地质资料2860种，较去年增加39%，其中内蒙古、河南、辽宁、四川、贵州、山西、青海、陕西、黑龙江等省（区）接收原始地质资料超过100种。

信息服务产品不断丰富。全国地质资料馆实现馆藏地质资料全面数字化。完成全国分省地质环境系列图涉密处理和1000余幅1:5万地质图涉密处理，新公开1:25万公开版地质图29幅、1:5万地质图1351幅、1:50万分省水工环调查成果系列图209幅。在2015年中国国际矿业大会期间，首次将1:5万区域地质调查图等地质图件提供网上服务，首次发布全国矿产资源评价成果地质资料服务目录，新发布35万个钻孔资料。

成功举办“纪念中国人民抗日战争暨世界反法西斯战争胜利70周年地质矿产史料展”。全国地质资料馆及河北、山西等10省（区）地质资料馆藏机构，对日本侵华期间由中国地质工作者形成的和由日本侵略者形成的近800档约10万件地质资料进行了全面挖掘整理，设计制作了地质矿产史料展，在中国地质博物馆对外展出，获得社会各界好评。

七、2015全国地质勘查工作总体特点

2015年国际经济环境复杂多变，世界经济发展格局多级分化，国内经济增速继续回调，GDP增速跌至7%以下。受此影响，国际、国内矿产品需求不足，并伴随产能过剩及库存压力，主要矿产品价格震荡，矿业形势总体低迷。受之影响，以矿产勘查为主的地质勘查投入继续下滑。

（一）地质勘查工作继续深度调整

我国地质勘查投入从2002年至2012年，以10%左右的速度逐年增加；2013年以来进入下行通道，以10%~20%的速度逐年减少，并伴随结构性变化。2015年地质勘查工作在下行中继续调整。

一是总体投入持续减少，社会资金降幅大幅扩大。2015年，全国地质勘查资金总投入继续减少，降幅18.6%，比2014年降幅扩大了6.2个百分点。其中，社会资金占据总投入“半壁江山”，占49.4%，中央财政和地方财政分别占21.6%和29.0%。社会资金同比减少27.5%，降幅扩大了18个百分点，是影响整体投入下降的主要因素；中央财政投入同比减少15.0%，主要受地质矿产调查评价等专项投入减少的影响，降幅扩大了8.3个百分点；地方财政同比减少1.0%，受黑龙江省大幅增加投入的影响，降幅缩小了21.4个百分点。

二是各专业投入不同程度减少，矿产勘查占比进一步下降。在各专业中，矿产勘查投入同比减少19.7%，基础地质调查投入同比减少9.8%，水文地质、环境地质与地质灾害调查评价同比减少26.0%，地质科技、资料服务与信息化同比减少10.1%。从趋势上看，矿产勘查所占总投入比例由2006年的94%降至2014年的74%，2015年进一步下降至73%；基础地质调查投入所占比例由2006年的2%升至2014年的11%，2015年进一步升至12%；水文地质、环境地质与地质灾害调查评价所占比例由2006年的3%上升至2014年的9%，2015年转而下降至8%。地质科技、资料服务与信息化

所占比例由2006年的1%上升至2014年的6%，2015年与2014年保持相当水平。

三是黑龙江省地勘投入逆势增长，其他地区投入不同程度减少。2015年黑龙江省为了保障工业结构调整，大力发展矿产资源深加工产业，启动了全省地质勘查三年专项行动，旨在向矿产资源要增量，省级财政投入地质勘查14亿左右，整体投入比2014年增加一倍有余。除此之外，其他地区地质勘查投入都有不同程度下降。降幅在15%以内的地区有山东、湖北、内蒙古、辽宁、天津、新疆、西藏、湖南、北京，降幅在15%～30%的地区有吉林、陕西、广西、福建、安徽、海南、江西、贵州、江苏、广东、河北、河南，降幅超过30%的地区有四川、山西、浙江、云南、宁夏、重庆、甘肃、青海、上海。

（二）矿产勘查在理性回归中孕育新格局

据加拿大SNL金属与矿业公司统计，全球非能源矿产勘查投入从2012年的峰值215亿美元大幅下降至2015年的92亿美元，预计2016年全球矿产勘查预算还将下降10%～15%。受全球矿业下行和国内经济增速放缓影响，我国矿产勘查逐步回归理性，并呈现出新的发展态势：

一是我国矿产勘查在下行调整过程中对全球矿产勘查的贡献呈上升态势。2006年以来，与全球矿产勘查投入变化一致，我国矿产勘查投入经历了快速增长、达到峰值与持续下行的总体走势。与此同时，我国矿产勘查投入占全球比例呈不断增加趋势，从2006年的不足10.0%增加到2015年的21.6%，超过了澳大利亚、加拿大等传统矿产勘查大国，触动了过去由北美洲、拉丁美洲和澳洲占主导的全球矿产勘查格局。2012年以后，我国矿产勘查投入虽然也呈下降趋势，但是下降幅度远低于全球平均降幅，占全球矿产勘查市场的份额呈扩大之势。

二是煤炭与铁矿勘查投入显著下降，勘查热点矿种持续分化。2014年之前，矿产勘查的热点是煤炭、金、铅锌和铁。这5个重点矿种勘查资金均占总投入的60%以上，最高达74%。2015年，这一比例下降至49.9%；煤炭勘查投入降至高峰时期的26.5%，铁矿勘查投入降至高峰时期的35.5%，煤炭与铁矿勘查投入下降是导致矿产勘查投入下降的主要因素。铜、铀、金、钾盐等矿种基本保持高位。铜矿勘查经历过

2012年之前快速上升阶段后，随后基本稳定在50～55亿元左右。金矿勘查投入在2013年达到72亿投入高峰，其后受黄金价格影响，2014～2015年有所下跌，但仍保持优势地位。

三是西部地区矿产勘查优势格局更趋稳固。随着中国西部大开发和“一带一路”倡议的实施，我国西部地区矿产勘查投入比例逐年上升，中部地区比例不断缩小，东部地区一直保持投资低位。2015年西部地区占66.8%，东部地区占15.5%，中部地区占14.1%。从资金投入空间分布上看，西部地区矿产勘查资金投入占据全国的六成以上，矿产勘查战略西移不断得到巩固和加强，西部地区已经成为我国矿产勘查的主战场。

四是中央和地方财政投入稳定矿产勘查市场作用凸显。2006年以来，受矿产资源价格上升刺激，社会资金对矿产勘查投入的力度不断加大，到2012年达到281.39亿元，占全国矿产勘查总投入的比例不断上升。2012年以后，矿产资源需求增速放缓，矿产资源价格下跌，投入矿产勘查的社会资金下降明显，到2015年下降至152.20亿元，与峰值相比近乎腰斩。中央和地方财政投入相对比较稳定，占矿产勘查总投入的比例由高峰期的27.7%增加至36.6%，对于稳定我国矿产勘查市场发挥了重要作用。

（三）地质勘查需求正在发生重大变化

当前及未来一段时间将是我国全面推进新型工业化、城镇化、信息化、农业现代化同步发展的关键时期，近期发布的《我国国民经济和社会发展第十三个五年规划纲要》显示，全面建成小康社会新的目标要求包括经济将保持中高速增长、人民生活文化水平和质量普遍提高等多个方面，这都需要能源资源、环境生态及其地质信息服务等多方面的支撑与保障。地质勘查工作方向正逐步向以下几方面转变：

一是矿产资源需求正在发生结构性变化，将推动清洁能源、战略新兴产业等矿种的矿产勘查。我国经济社会已进入工业化中后期阶段，矿产资源需求高峰期陆续到来，生态环境压力日益趋紧，能源与矿产资源需求结构正在发生着重大变化。一是优化能源结构是建设绿色中国的必然选择，发展清洁低碳是调整能源结构的主攻方向，将推动石油、天然气、页岩气、天然气水合物、铀、地热等清洁能源勘查。中国地质调查局围绕石油、天然气、页岩气、天然气水合物和铀矿等重点，对基础性矿产地质调查工作进行了结构性调整。二是以智能制造为主导的第四次工业革命的到来，战略性新兴产业所需矿产资源（如锂、钴、“三稀”等）将逐渐成为需求重点，将推动稀有、稀土、稀散金属等矿产勘查。另一方面，尽管国内外市场对铁、铜、铝、铅、锌等大宗矿产需求仍处高位，但短时间内增量有限，随着国内产业结构的调整，产能相对过剩的钢铁、玻璃、水泥等产业将面临转移，国内大宗矿产勘查投资吸引力将不同程度受到抑制。

二是新型城镇化、农业现代化和绿色化等发展战略持续推进，将进一步推动地质勘查拓展服务民生工作。新型城镇化的快速推进，既要保证重要城市群可持续发展，还要促进小城市和小城镇扩容，城镇规划、产业布局和空间开发利用都需要科学的地质背景信息作为依据，这将带动水文地质、工程地质、环境地质的调查评价工作。农业现代化是保障粮食安全的重要途径，是提升农业发展水平的必然之路，农业发展离不开土地，推动农业现代化需要掌握土地质量情况，这将带动土地质量地球化学调查、土地质量监测和修复等工作。绿色化发展要优化国土空间开发格局，加大自然生态系统和环境保护力度，这需要减少地面沉降、岩溶塌陷等影响安全的重大地质环境问题，降低崩塌、滑坡、泥石流等地质灾害损失，保护水土不受污染，要求环境地质、灾害地质、水文地质提供更加强有力的基础支撑。

三是“一带一路”、“京津冀”、“长江经济带”等战略的实施，将带动地质勘查开辟工作新空间。“一带一路”倡议将拉动沿线国家投资基础设施建设，提升沿线国家之间的包括矿产资源在内的多边贸易水平，这将为矿产勘查、工程地质等相关工作开辟境外新空间。“京津冀协同发展”和“长江经济带发展”要推进区域经济转型升级和协调发展，优化经济发展空间格局，提高区域交通一体化水平，需要优化国土空间开发格局和保障运输通道地质安全。2015年京津冀地区、长江经济带水工环地质调查投入占比分别为22.4%和12.3%，均高于全国水平，显示对环境相关地质工作的需求比其他地区更为迫切。随着区域战略的深入推进，将为环境地质、灾害地质、基础地质等地勘工作发展带来新机遇和新空间。“海洋强国”要求提高海洋地质矿产认知程度，需要海洋基础地质和矿产勘查、海岸带环境地质调查工作，这将为地质勘查工作开辟海域工作新空间。

八、建 议

一是稳定中央公益性地质调查投入经费。在当前地勘形势持续低迷和深度调整的时候，尤其是社会资金大幅减少，财政投入不同程度下降的情况下，中央财政应进一步稳定投入，对指导地方财政和社会资金重振信心有重要作用，对地勘工作走出困境、走向复苏具有重要意义。

二是财政资金要发挥好方向性引领作用。财政资金是“先行军”，对于需求明确、供给缺位的地质勘查方向和领域，通过财政资金先行投入示范，建立相关技术标准和规范，引领地勘单位开辟地质勘查新领域，不断加强能力建设，逐步引导地勘行业围绕需求合理调整地质勘查专业结构。

三是要践行“绿色勘查”新理念。十三五规划纲要提出的绿色发展理念，要求处理好地质勘查与生态保护的关系，就是要践行“绿色勘查”理念，选取环境友好型的勘查手段和方法，采用先进的勘查装备和工艺技术，科学调整工作方式，最大限度地减少地质勘查工作对生态环境的影响。

附录：地质勘查年度核心数据

附表 1　2015 年全国地质勘查资金投入总体情况（单位：万元）

区　域	总投入	中央财政	地方财政	社会资金
	3278796.30	707093.50	952418.11	1619284.69
北　京	17829.71	3685.00	7598.23	6546.48
天　津	10869.80	1555.00	8693.90	620.90
河　北	83489.71	8967.00	48689.78	25832.93
山　西	76648.81	5990.00	43410.81	27248.00
内蒙古	398497.72	62569.00	65697.00	270231.72
辽　宁	49798.85	8642.00	22570.46	18586.39
吉　林	59378.57	8330.00	9847.82	41200.75
黑龙江	197696.45	17037.00	153433.86	27225.59
上　海	1359.49	450.00	909.49	0.00
江　苏	26418.50	8955.00	9625.16	7838.34
浙　江	26845.13	3770.00	13693.33	9381.80
安　徽	102242.00	13095.00	33924.80	55222.20
福　建	32207.47	8439.00	10169.33	13599.14
江　西	79678.08	17421.00	29810.84	32446.24
山　东	145109.26	6655.00	30459.30	107994.96
河　南	65301.56	5385.00	42152.27	17764.29
湖　北	57624.50	19650.00	15481.63	22492.87
湖　南	71569.23	22549.00	25823.45	23196.78
广　东	41584.49	13043.00	6315.55	22225.94
广　西	57371.57	18972.00	19876.05	18523.52

续表

区　域	总投入	中央财政	地方财政	社会资金
海　南	13763.33	1655.00	7930.26	4178.07
重　庆	38035.66	8835.00	24687.95	4512.71
四　川	118355.60	32375.00	19267.48	66713.12
贵　州	131526.42	24680.00	23137.47	83708.95
云　南	131412.62	17856.31	20987.28	92569.03
西　藏	81691.02	61070.00	4726.53	15894.49
陕　西	103112.12	13665.59	41020.78	48425.75
甘　肃	134259.90	22410.00	50610.18	61239.72
青　海	119392.93	43728.00	47339.68	28325.25
宁　夏	18130.43	4055.00	8624.36	5451.07
新　疆	645785.77	79795.00	105903.08	460087.69
其　他	141809.60	141809.60	0.00	0.00

附表 2　2015 年全国矿产勘查资金投入情况（单位：万元）

区　域	总投入	中央财政	地方财政	社会资金
	2402204.26	277555.90	602651.34	1521997.02
北　京	5132.07	0.00	979.90	4152.17
天　津	760.00	0.00	300.00	460.00
河　北	51967.61	1687.00	29207.16	21073.45
山　西	55677.22	0.00	40636.74	15040.48
内蒙古	340589.00	39156.00	37200.00	264233.00
辽　宁	36404.45	4077.00	18726.57	13600.88
吉　林	50009.65	3675.00	5729.00	40605.65
黑龙江	107628.53	8723.00	79527.04	19378.49

续表

区　域	总投入	中央财政	地方财政	社会资金
上　海	0.00	0.00	0.00	0.00
江　苏	13451.47	2105.00	4093.16	7253.31
浙　江	13463.76	490.00	3940.16	9033.60
安　徽	83589.17	3290.00	27706.23	52592.94
福　建	16772.48	990.00	3216.02	12566.46
江　西	60639.81	11906.00	16601.97	32131.84
山　东	119695.03	1275.00	13140.89	105279.14
河　南	58814.16	1330.00	39826.62	17657.54
湖　北	37208.67	7170.00	10723.58	19315.09
湖　南	42602.03	8684.00	17054.04	16863.99
广　东	22578.68	4533.00	3841.62	14204.06
广　西	33684.81	8477.00	9919.46	15288.35
海　南	4664.41	0.00	806.44	3857.97
重　庆	25253.39	4120.00	16737.68	4395.71
四　川	80157.52	15515.00	8655.81	55986.71
贵　州	106920.13	13430.00	10739.65	82750.48
云　南	104216.37	3386.31	16974.11	83855.95
西　藏	53814.02	34015.00	4132.03	15666.99
陕　西	86878.32	5370.59	35051.25	46456.48
甘　肃	110567.91	8695.00	42054.18	59818.73
青　海	85450.71	23273.00	35376.31	26801.40
宁　夏	11938.59	1150.00	5705.32	5083.27
新　疆	565871.29	45230.00	64048.40	456592.89
其　他	15803.00	15803.00	0.00	0.00

附表 3　2015 年全国矿产勘查中央财政资金投入情况（单位：万元）

区　域	总投入	中央地勘基金	中央财政补贴	地质矿产调查评价	其　他
合　计	277555.90	0.00	9000.31	219700.00	1090.59
北　京	0.00	0.00	0.00	0.00	0.00
天　津	0.00	0.00	0.00	0.00	1537.00
河　北	1687.00	0.00	0.00	150.00	0.00
山　西	0.00	0.00	0.00	0.00	15455.00
内蒙古	39156.00	0.00	525.00	23176.00	1102.00
辽　宁	4077.00	0.00	0.00	2975.00	0.00
吉　林	3675.00	0.00	410.00	3265.00	0.00
黑龙江	8723.00	0.00	0.00	8723.00	0.00
上　海	0.00	0.00	0.00	0.00	0.00
江　苏	2105.00	0.00	45.00	2060.00	0.00
浙　江	490.00	0.00	0.00	490.00	0.00
安　徽	3290.00	0.00	0.00	3290.00	100.00
福　建	990.00	0.00	0.00	890.00	5246.00
江　西	11906.00	0.00	4200.00	2460.00	0.00
山　东	1275.00	0.00	525.00	750.00	0.00
河　南	1330.00	0.00	0.00	1330.00	0.00
湖　北	7170.00	0.00	0.00	7170.00	1794.00
湖　南	8684.00	0.00	0.00	6890.00	3703.00
广　东	4533.00	0.00	0.00	830.00	1912.00
广　西	8477.00	0.00	0.00	6565.00	0.00
海　南	0.00	0.00	0.00	0.00	0.00
重　庆	4120.00	0.00	0.00	4120.00	660.00
四　川	15515.00	0.00	0.00	14155.00	700.00
贵　州	13430.00	0.00	0.00	13240.00	290.00
云　南	3386.31	0.00	16.31	3270.00	365.00

续表

区　域	总投入	中央地勘基金	中央财政补贴	地质矿产调查评价	其　他
西　藏	34015.00	0.00	0.00	33650.00	1634.00
陕　西	5370.59	0.00	0.00	3536.00	3475.59
甘　肃	8695.00	0.00	0.00	5420.00	503.00
青　海	23273.00	0.00	0.00	22770.00	0.00
宁　夏	1150.00	0.00	0.00	1150.00	10379.00
新　疆	45230.00	0.00	3279.00	31572.00	0.00
其　他	15803.00	0.00	0.00	15803.00	0.00

附表 4　2015 年全国矿产勘查地方财政资金投入情况（单位：万元）

区　域	总投入	属地化地勘费	矿产资源补偿费	省级地勘基金	老矿山找矿资金	其　他
合　计	602651.34	14084.87	53616.07	517178.44	5.58	17766.38
北　京	979.90	0.00	0.00	0.00	0.00	979.90
天　津	300.00	0.00	300.00	0.00	0.00	0.00
河　北	29207.16	2338.00	6804.00	17230.99	0.00	2834.17
山　西	40636.74	1736.12	868.37	37510.02	0.00	522.23
内蒙古	37200.00	0.00	0.00	37200.00	0.00	0.00
辽　宁	18726.57	0.00	16229.57	2497.00	0.00	0.00
吉　林	5729.00	0.00	0.00	5599.00	0.00	130.00
黑龙江	79527.04	0.00	3142.30	76054.04	0.00	330.70
上　海	0.00	0.00	0.00	0.00	0.00	0.00
江　苏	4093.16	400.00	0.00	3693.16	0.00	0.00
浙　江	3940.16	264.00	120.00	2658.69	0.00	897.47

续表

区　域	总投入	属地化地勘费	矿产资源补偿费	省级地勘基金	老矿山找矿资金	其　他
安　徽	27706.23	137.44	0.00	26822.21	5.58	741.00
福　建	3216.02	1778.17	0.00	1060.35	0.00	377.50
江　西	16601.97	0.00	0.00	16171.46	0.00	430.51
山　东	13140.89	1329.98	0.00	9088.84	0.00	2722.07
河　南	39826.62	98.65	0.00	38930.17	0.00	797.80
湖　北	10723.58	370.00	0.00	10038.58	0.00	315.00
湖　南	17054.04	0.00	0.00	16879.00	0.00	175.04
广　东	3841.62	0.00	0.00	3603.48	0.00	238.14
广　西	9919.46	2755.00	0.00	6377.23	0.00	787.23
海　南	806.44	0.00	227.52	55.00	0.00	523.92
重　庆	16737.68	636.59	6277.34	8695.99	0.00	1127.76
四　川	8655.81	266.00	0.00	8136.76	0.00	253.05
贵　州	10739.65	0.00	0.00	8148.65	0.00	2591.00
云　南	16974.11	376.85	0.00	16483.96	0.00	113.30
西　藏	4132.03	873.07	0.00	3243.96	0.00	15.00
陕　西	35051.25	0.00	0.00	34522.66	0.00	528.59
甘　肃	42054.18	0.00	2474.57	39244.61	0.00	335.00
青　海	35376.31	725.00	0.00	34651.31	0.00	0.00
宁　夏	5705.32	0.00	0.00	5705.32	0.00	0.00
新　疆	64048.40	0.00	17172.40	46876.00	0.00	0.00
其　他	0.00	0.00	0.00	0.00	0.00	0.00

附表 5　2015 年全国矿产勘查社会资金投入情况（单位：万元）

区　域	总投入	国有地勘单位投入	国有企业投入	民营企业投入	个人投入	港澳台企业投入	其他涉外企业投入	其　他
合 计	1521997.02	208602.71	285123.34	853000.47	38958.21	624.26	5451.25	130236.78
北　京	4152.17	0.00	1309.21	30.70	0.00	0.00	0.00	2812.26
天　津	460.00	0.00	0.00	460.00	0.00	0.00	0.00	0.00
河　北	21073.45	3139.46	3938.10	8084.34	1933.84	0.00	0.00	3977.71
山　西	15040.48	2493.60	9268.26	2398.46	363.20	0.00	0.00	516.96
内蒙古	264233.00	20888.00	0.00	193876.00	21234.00	0.00	0.00	28235.00
辽　宁	13600.88	164.93	9145.62	3808.74	457.29	0.00	0.00	24.30
吉　林	40605.65	13938.46	619.52	15122.57	3433.09	0.00	0.00	7492.01
黑龙江	19378.49	526.60	10373.34	3475.11	681.91	0.00	0.00	4321.53
上　海	0.00	0.00	0.00	0.00	0.00	0.00	0.00	0.00
江　苏	7253.31	777.52	3326.41	2559.78	70.00	0.00	0.00	519.60
浙　江	9033.60	2527.90	2914.65	1998.72	364.33	0.00	0.00	1228.00
安　徽	52592.94	11144.51	32094.76	4792.01	202.01	0.00	0.00	4359.65
福　建	12566.46	1395.04	2251.89	4983.31	350.95	94.26	0.00	3491.01
江　西	32131.84	8468.69	3711.28	19765.07	106.00	0.00	0.00	80.80
山　东	105279.14	5446.28	59890.62	38250.45	537.56	0.00	14.33	1139.90
河　南	17657.54	3887.26	7466.03	2365.00	28.00	0.00	0.00	3911.25
湖　北	19315.09	1335.79	9033.14	4659.86	15.00	400.00	50.00	3821.30
湖　南	16863.99	1571.79	3338.61	9941.93	112.83	0.00	968.83	930.00
广　东	14204.06	1546.31	5021.97	6402.42	465.73	0.00	682.63	85.00
广　西	15288.35	411.60	2830.68	9684.47	111.81	0.00	429.60	1820.19
海　南	3857.97	264.17	703.28	2865.82	0.00	0.00	0.00	24.70

续表

区　域	总投入	国有地勘单位投入	国有企业投入	民营企业投入	个人投入	港澳台企业投入	其他涉外企业投入	其　他
重　庆	4395.71	1645.48	2452.53	196.00	101.70	0.00	0.00	0.00
四　川	55986.71	4906.31	20649.57	29272.47	281.77	0.00	0.00	876.59
贵　州	82750.48	6004.51	20944.20	29126.66	2232.68	0.00	0.00	24442.43
云　南	83855.95	2149.01	23334.20	38330.16	892.74	0.00	0.00	19149.84
西　藏	15666.99	1047.65	1817.19	10292.84	487.87	0.00	0.00	2021.44
陕　西	46456.48	4856.67	16623.28	19188.42	516.26	130.00	0.00	5141.85
甘　肃	59818.73	14276.34	20812.38	18222.08	662.84	0.00	2378.75	3466.34
青　海	26801.40	7613.70	9804.67	5003.10	82.00	0.00	520.11	3777.82
宁　夏	5083.27	0.00	1447.95	3522.02	0.00	0.00	0.00	113.30
新　疆	456592.89	86175.13	0.00	364321.96	3232.80	0.00	407.00	2456.00
其　他	2111215.43	323098.97	1098585.28	471542.03	36253.74	882.79	9788.17	171064.45

附表 6　2015 年全国矿产勘查项目个数及主要工作量完成情况

区　域	项目数／个	钻探／万米	坑探／万米	槽探／万立方米	浅井／万米
		1323.59	41.07	713.95	3.57
北　京	19	19.57	0.00	0.00	0.00
天　津	2	0.85	0.00	0.00	0.00
河　北	171	40.13	0.67	7.63	0.01
山　西	167	33.21	0.00	7.98	0.18
内蒙古	742	204.40	4.23	0.01	0.57
辽　宁	164	32.11	0.00	12.30	0.00
吉　林	302	41.26	1.82	36.46	0.07
黑龙江	191	27.50	1.64	39.93	0.01

续表

区　域	项目数／个	钻探／万米	坑探／万米	槽探／万立方米	浅井／万米
上　海	0	0.00	0.00	0.00	0.00
江　苏	57	3.98	0.08	0.78	0.03
浙　江	168	9.46	0.57	3.82	0.05
安　徽	371	64.32	0.36	7.42	0.01
福　建	135	21.87	0.67	2.49	0.00
江　西	523	56.41	3.22	24.48	0.19
山　东	322	106.00	0.35	3.46	0.00
河　南	191	48.02	0.94	6.64	0.00
湖　北	132	32.01	0.39	5.50	0.01
湖　南	233	24.89	0.41	14.60	0.11
广　东	229	15.74	0.17	9.48	0.02
广　西	256	20.37	1.78	15.07	0.39
海　南	44	3.50	0.07	2.80	0.00
重　庆	72	6.93	0.00	1.02	0.00
四　川	334	34.37	5.58	15.83	0.01
贵　州	221	83.92	0.77	5.83	0.06
云　南	368	61.80	3.50	33.17	0.61
西　藏	112	7.76	0.01	12.11	0.00
陕　西	489	40.05	5.27	48.93	0.01
甘　肃	269	51.71	3.68	27.70	0.01
青　海	304	23.24	0.22	58.05	0.00
宁　夏	40	9.00	0.00	2.42	0.00
新　疆	3510	199.20	4.67	308.03	1.23

附表 7 2015 年全国矿产勘查主要矿种资金投入与主要实物工作量

序号	矿产类别	投入资金总额 万元	投入资金 万元			主要实物工作量			
			中央财政	地方财政	社会资金	钻探 万米	坑探 万米	槽探 万立方米	浅井 万米
总计		2402204.26	277555.90	602651.34	1521997.02	1323.59	41.07	713.95	3.57
一、能源		448692.24	82360.00	167743.08	198589.16	321.23	0.92	18.19	0.12
1	煤炭	323821.72	2050.00	151775.01	169996.71	209.76	0.92	11.21	0.00
2	天然沥青	75.00	0.00	0.00	75.00	0.04	0.00	0.02	0.00
3	油页岩	9327.04	0.00	4319.04	5008.00	4.43	0.00	6.72	0.12
4	石煤	12961.29	0.00	8842.33	4118.96	5.94	0.00	0.22	0.00
5	铀	80310.00	80310.00	0.00	0.00	50.00	0.00	0.00	0.00
7	地热	0.00	0.00	0.00	0.00	0.00	0.00	0.00	0.00
二、黑色金属		227846.71	10015.00	63924.38	153907.33	121.13	3.34	69.48	0.36
8	铁	176071.92	8715.00	51646.00	115710.92	97.09	2.30	53.64	0.27
9	锰	35169.31	1300.00	7577.76	26291.55	17.58	0.58	9.27	0.04
10	铬	5492.89	0.00	2187.00	3305.89	1.39	0.15	1.57	0.00
11	钒	8468.91	0.00	1999.35	6469.56	4.40	0.24	4.37	0.00
12	钛	2643.68	0.00	514.27	2129.41	0.67	0.06	0.64	0.05
三、有色金属		821415.30	22519.00	169757.78	629138.52	453.51	16.92	333.54	1.22
13	铜	496745.57	14995.00	78177.90	403572.67	231.81	4.75	250.71	0.49
14	铅锌	193846.97	6064.00	44005.00	143777.97	137.57	7.42	48.29	0.22
15	铝土矿	24122.50	0.00	10153.64	13968.86	27.55	0.03	1.75	0.50
16	镁	164.00	0.00	0.00	164.00	0.10	0.00	0.05	0.00
17	镍	12746.47	500.00	4376.80	7869.67	7.77	0.22	5.02	0.00

续表

序号	矿产类别	投入资金总额 万元	投入资金 万元			主要实物工作量			
			中央财政	地方财政	社会资金	钻探 万米	坑探 万米	槽探 万立方米	浅井 万米
18	钴	434.00	0.00	170.00	264.00	0.20	0.01	0.16	0.00
19	钨	24004.00	150.00	7863.81	15990.19	18.16	3.13	8.35	0.00
20	锡	10159.56	610.00	2853.47	6696.09	3.91	0.46	3.02	0.00
21	钼	49411.05	0.00	19079.16	30331.89	22.58	0.40	11.22	0.00
22	锑	9147.05	200.00	3078.00	5869.05	3.87	0.40	4.98	0.00
23	汞	634.13	0.00	0.00	634.13	0.00	0.09	0.00	0.00
24	铋	0.00	0.00	0.00	0.00	0.00	0.00	0.00	0.00
四、贵金属		553337.46	6656.90	140395.11	406285.45	315.26	14.28	212.92	0.22
25	铂族金属	118.00	0.00	0.00	118.00	0.00	0.00	0.00	0.00
26	岩金	491344.14	6656.90	116035.57	368651.67	283.50	13.02	198.28	0.19
27	砂金	14747.77	0.00	5131.95	9615.82	5.46	0.16	3.96	0.00
28	银	47127.55	0.00	19227.59	27899.96	26.31	1.10	10.68	0.03
五、稀有矿产		28777.14	7455.00	7373.54	13948.60	14.34	0.25	8.04	0.43
29	铌钽矿	5991.93	0.00	2244.48	3747.45	3.16	0.01	3.39	0.16
30	铍	3802.93	0.00	512.10	3290.83	1.82	0.00	1.32	0.00
31	锂	2184.18	680.00	572.82	931.36	0.59	0.02	0.44	0.00
32	锶	530.00	0.00	252.77	277.23	0.21	0.00	0.12	0.00
33	铷	2509.99	0.00	1467.60	1042.39	1.79	0.00	0.71	0.00
34	铯	348.52	0.00	227.52	121.00	0.44	0.00	1.10	0.00
35	锆	280.00	0.00	0.00	280.00	0.00	0.00	0.00	0.10

续表

序号	矿产类别	投入资金总额 万元	投入资金 万元			主要实物工作量			
			中央财政	地方财政	社会资金	钻探 万米	坑探 万米	槽探 万立方米	浅井 万米
36	稀土	11955.34	6775.00	2096.25	3084.09	5.49	0.22	0.91	0.17
37	锗	1174.25	0.00	0.00	1174.25	0.81	0.00	0.00	0.00
38	镓	0.00	0.00	0.00	0.00	0.00	0.00	0.00	0.00
39	铟	0.00	0.00	0.00	0.00	0.00	0.00	0.00	0.00
40	铊	0.00	0.00	0.00	0.00	0.00	0.00	0.00	0.00
41	铪	0.00	0.00	0.00	0.00	0.00	0.00	0.00	0.00
42	铼	0.00	0.00	0.00	0.00	0.00	0.00	0.00	0.00
43	镉	0.00	0.00	0.00	0.00	0.00	0.00	0.00	0.00
44	钪	0.00	0.00	0.00	0.00	0.03	0.00	0.04	0.00
45	硒	0.00	0.00	0.00	0.00	0.00	0.00	0.00	0.00
46	碲	0.00	0.00	0.00	0.00	0.00	0.00	0.00	0.00
六、化工建材及其他非金属		177116.06	10410.00	51470.42	115235.64	94.02	5.36	71.61	0.92
47	蓝晶石	477.00	0.00	424.00	53.00	0.22	0.01	0.62	0.00
48	矽线石	183.79	0.00	183.79	0.00	0.00	0.00	0.00	0.00
49	红柱石	303.66	0.00	136.66	167.00	0.27	0.00	0.81	0.01
50	菱镁矿	439.00	0.00	355.00	84.00	0.54	0.00	0.39	0.00
51	普通萤石	13310.54	610.00	3145.84	9554.70	7.63	1.11	4.54	0.01
52	溶剂用灰岩	1489.27	0.00	350.37	1138.90	1.58	0.00	0.62	0.00
53	冶金用白云岩	1370.55	0.00	488.09	882.46	0.84	0.00	1.12	0.00
54	冶金用石英岩	655.00	0.00	125.00	530.00	0.09	0.00	0.43	0.00
55	冶金用砂岩	16.00	0.00	0.00	16.00	0.02	0.00	0.03	0.00
56	铸型用砂岩	0.00	0.00	0.00	0.00	0.00	0.00	0.00	0.00

续表

序号	矿产类别	投入资金总额 万元	投入资金 万元			主要实物工作量			
			中央财政	地方财政	社会资金	钻探 万米	坑探 万米	槽探 万立方米	浅井 万米
57	铸型用砂	31.00	0.00	0.00	31.00	0.00	0.00	0.00	0.00
58	冶金用脉石英	323.60	0.00	0.00	323.60	0.23	0.00	0.12	0.00
59	耐火粘土	461.79	0.00	324.79	137.00	0.23	0.01	0.05	0.00
60	铁矾土	0.00	0.00	0.00	0.00	0.00	0.00	0.00	0.00
61	铸型用粘土	18.00	0.00	0.00	18.00	0.08	0.00	0.16	0.00
62	耐火用橄榄岩	0.00	0.00	0.00	0.00	0.00	0.00	0.00	0.00
63	溶剂用蛇纹岩	98.00	0.00	0.00	98.00	0.07	0.00	0.00	0.00
64	自然硫	208.00	0.00	0.00	208.00	0.08	0.00	0.01	0.00
65	硫铁矿	1398.69	0.00	193.50	1205.19	0.72	0.23	0.86	0.00
66	伴生硫	0.00	0.00	0.00	0.00	0.00	0.00	0.00	0.00
67	磷矿	41366.09	0.00	1396.38	39969.71	34.92	1.56	2.61	0.00
68	伴生磷	985.51	0.00	0.00	985.51	0.87	0.00	0.35	0.00
69	钾盐	16107.29	8160.00	5737.50	2209.79	1.43	0.03	0.31	0.00
70	钠硝石	1478.00	0.00	0.00	1478.00	0.00	0.12	0.10	0.19
71	明矾石	322.64	0.00	0.00	322.64	0.31	0.00	0.25	0.00
72	芒硝	963.00	0.00	0.00	963.00	0.24	0.01	0.00	0.00
73	重晶石	2486.15	0.00	161.68	2324.47	2.12	0.37	1.03	0.00
74	毒重石	30.80	0.00	30.80	0.00	0.00	0.00	0.04	0.00
75	天然碱	1499.70	0.00	0.00	1499.70	0.24	0.00	0.00	0.00
76	电石用灰岩	23.00	0.00	0.00	23.00	0.00	0.00	0.03	0.00
77	制碱用灰岩	0.00	0.00	0.00	0.00	0.00	0.00	0.00	0.00
78	化肥用灰岩	0.00	0.00	0.00	0.00	0.00	0.00	0.00	0.00

续表

序号	矿产类别	投入资金总额 万元	投入资金 万元			主要实物工作量			
			中央财政	地方财政	社会资金	钻探 万米	坑探 万米	槽探 万立方米	浅井 万米
79	化工用白云岩	284.04	0.00	0.00	284.04	0.01	0.00	0.39	0.00
80	化肥用砂岩	0.00	0.00	0.00	0.00	0.00	0.00	0.00	0.00
81	含钾砂页岩	0.00	0.00	0.00	0.00	0.00	0.00	0.00	0.00
82	含钾岩石	125.00	0.00	0.00	125.00	0.17	0.00	0.00	0.00
83	化肥用橄榄岩	0.00	0.00	0.00	0.00	0.00	0.00	0.00	0.00
84	化肥用蛇纹岩	50.00	0.00	0.00	50.00	0.02	0.00	0.00	0.00
85	泥炭	837.00	0.00	300.00	537.00	0.32	0.00	0.13	0.00
86	盐矿	21223.34	0.00	10070.02	11153.32	6.54	0.05	0.39	0.07
87	镁盐	0.00	0.00	0.00	0.00	0.00	0.00	0.00	0.00
88	碘	0.00	0.00	0.00	0.00	0.00	0.00	0.00	0.00
89	溴	0.00	0.00	0.00	0.00	0.00	0.00	0.00	0.00
90	砷	0.00	0.00	0.00	0.00	0.00	0.00	0.00	0.00
91	硼	338.37	0.00	338.37	0.00	0.73	0.00	0.40	0.00
92	金刚石	2045.06	570.00	1212.94	262.12	0.82	0.00	0.74	0.00
93	压电水晶	0.00	0.00	0.00	0.00	0.00	0.00	0.00	0.00
94	熔炼水晶	0.00	0.00	0.00	0.00	0.00	0.00	0.00	0.00
95	光学水晶	0.00	0.00	0.00	0.00	0.00	0.00	0.00	0.00
96	工艺水晶	0.00	0.00	0.00	0.00	0.00	0.00	0.00	0.00
97	刚玉	0.00	0.00	0.00	0.00	0.00	0.00	0.00	0.00
98	电气石	200.00	0.00	200.00	0.00	0.13	0.00	0.11	0.00
99	石榴子石	1189.42	0.00	296.00	893.42	0.25	0.00	0.55	0.03
100	方解石	1108.57	0.00	175.00	933.57	0.94	0.01	0.34	0.00

续表

序号	矿产类别	投入资金总额（万元）	投入资金（万元）			主要实物工作量			
			中央财政	地方财政	社会资金	钻探（万米）	坑探（万米）	槽探（万立方米）	浅井（万米）
101	冰洲石	0.00	0.00	0.00	0.00	0.00	0.00	0.00	0.00
102	光学萤石	608.00	0.00	255.00	353.00	0.10	0.00	0.00	0.00
103	宝石	12.14	0.00	12.14	0.00	0.00	0.00	0.03	0.00
104	玉石	1215.53	0.00	982.25	233.28	0.47	0.00	1.17	0.06
105	玛瑙	379.00	0.00	319.00	60.00	0.08	0.00	0.03	0.00
106	硅灰石	835.00	0.00	256.00	579.00	0.32	0.00	0.13	0.01
107	滑石	1112.00	0.00	594.00	518.00	0.61	0.06	0.98	0.00
108	长石	1106.70	0.00	55.05	1051.65	0.59	0.00	0.96	0.00
109	叶腊石	615.48	0.00	265.50	349.98	0.48	0.01	0.05	0.00
110	高岭土	2515.43	0.00	652.65	1862.78	1.63	0.01	2.77	0.07
111	陶瓷用砂岩	10.00	0.00	0.00	10.00	0.00	0.00	0.00	0.00
112	陶瓷土	927.53	0.00	571.20	356.33	1.01	0.00	1.15	0.02
113	霞石正长岩	130.00	0.00	0.00	130.00	0.04	0.00	0.00	0.00
114	玻璃用灰岩	0.00	0.00	0.00	0.00	0.10	0.00	0.09	0.00
115	玻璃用白云岩	0.00	0.00	0.00	0.00	0.00	0.00	0.00	0.00
116	玻璃用石英岩	1450.08	0.00	591.32	858.76	0.29	0.00	2.06	0.02
117	玻璃用砂岩	1137.59	0.00	1121.59	16.00	0.38	0.00	0.34	0.00
118	玻璃用砂	0.00	0.00	0.00	0.00	0.20	0.00	0.00	0.00
119	玻璃用脉石英	622.01	0.00	180.00	442.01	0.07	0.00	0.88	0.00
120	粉石英	0.00	0.00	0.00	0.00	0.00	0.00	0.00	0.00
121	玻璃用凝灰岩	0.00	0.00	0.00	0.00	0.00	0.00	0.00	0.00
122	玻璃用大理岩	118.66	0.00	118.66	0.00	0.06	0.00	0.13	0.00

续表

序号	矿产类别	投入资金总额 万元	投入资金 万元			主要实物工作量			
			中央财政	地方财政	社会资金	钻探 万米	坑探 万米	槽探 万立方米	浅井 万米
123	水泥用灰岩	11572.41	0.00	4118.12	7454.29	6.71	0.06	10.89	0.02
124	制灰用灰岩	188.05	0.00	108.05	80.00	0.12	0.00	0.00	0.00
125	泥灰岩	287.94	0.00	0.00	287.94	0.05	0.00	0.09	0.00
126	水泥配料用砂岩	258.85	0.00	39.66	219.19	0.23	0.00	0.00	0.00
127	水泥配料用砂	0.00	0.00	0.00	0.00	0.00	0.00	0.00	0.00
128	水泥标准砂	0.00	0.00	0.00	0.00	0.00	0.00	0.00	0.00
129	水泥配料用脉石英	200.00	0.00	0.00	200.00	0.09	0.00	0.00	0.00
130	水泥配料用页岩	60.00	0.00	0.00	60.00	0.17	0.00	0.37	0.00
131	水泥配料用粘土	0.00	0.00	0.00	0.00	0.00	0.00	0.00	0.00
132	水泥配料用红土	0.00	0.00	0.00	0.00	0.00	0.00	0.00	0.00
133	水泥配料用黄土	0.00	0.00	0.00	0.00	0.00	0.00	0.00	0.00
134	水泥配料用泥岩	0.00	0.00	0.00	0.00	0.00	0.00	0.00	0.00
135	水泥用辉绿岩	0.00	0.00	0.00	0.00	0.00	0.00	0.00	0.00
136	水泥混合材用安山玢岩	0.00	0.00	0.00	0.00	0.00	0.00	0.00	0.00
137	水泥混合材用闪长玢岩	0.00	0.00	0.00	0.00	0.00	0.00	0.00	0.00
138	水泥混合材用玄武岩	0.00	0.00	0.00	0.00	0.00	0.00	0.00	0.00
139	水泥用粗面岩	0.00	0.00	0.00	0.00	0.00	0.00	0.00	0.00
140	水泥用凝灰岩	63.00	0.00	0.00	63.00	0.00	0.00	0.00	0.00
141	水泥用大理岩	432.20	0.00	138.00	294.20	0.37	0.00	0.26	0.00
142	水泥配料用板岩	0.00	0.00	0.00	0.00	0.00	0.00	0.00	0.00
143	砖瓦用页岩	0.00	0.00	0.00	0.00	0.00	0.00	0.00	0.00
144	砖瓦用粘土	0.00	0.00	0.00	0.00	0.00	0.00	0.00	0.00

续表

序号	矿产类别	投入资金总额 万元	投入资金 万元			主要实物工作量			
			中央财政	地方财政	社会资金	钻探 万米	坑探 万米	槽探 万立方米	浅井 万米
145	砖瓦用砂岩	0.00	0.00	0.00	0.00	0.00	0.00	0.00	0.00
146	砖瓦用砂	30.00	0.00	0.00	30.00	0.00	0.00	0.00	0.00
147	凹凸棒石粘土	0.00	0.00	0.00	0.00	0.00	0.00	0.00	0.00
148	海泡石粘土	110.00	0.00	110.00	0.00	0.07	0.00	0.02	0.00
149	伊利石粘土	35.00	0.00	0.00	35.00	0.03	0.00	0.13	0.00
150	累托石粘土	16.00	0.00	0.00	16.00	0.02	0.00	0.00	0.00
151	膨润土	1441.25	0.00	1108.00	333.25	0.35	0.00	0.73	0.00
152	硅藻土	351.51	0.00	0.00	351.51	0.56	0.00	0.07	0.00
153	建筑用砂	95.00	0.00	95.00	0.00	0.03	0.00	0.00	0.00
154	建筑用灰岩	741.25	0.00	149.51	591.74	0.29	0.00	0.15	0.00
155	建筑用橄榄岩	0.00	0.00	0.00	0.00	0.00	0.00	0.00	0.00
156	建筑用角闪岩	0.00	0.00	0.00	0.00	0.00	0.00	0.00	0.00
157	建筑用辉绿岩	74.80	0.00	60.00	14.80	0.00	0.00	0.03	0.01
158	建筑用安山岩	0.00	0.00	0.00	0.00	0.00	0.00	0.00	0.00
159	建筑用凝灰岩	98.17	0.00	98.17	0.00	0.07	0.00	0.00	0.00
160	建筑用辉石岩	0.00	0.00	0.00	0.00	0.00	0.00	0.00	0.00
161	建筑用玄武岩	18.00	0.00	18.00	0.00	0.03	0.00	0.00	0.00
162	建筑用闪长岩	0.00	0.00	0.00	0.00	0.00	0.00	0.00	0.00
163	建筑用花岗岩	1314.39	0.00	49.00	1265.39	0.67	0.07	0.22	0.01
164	建筑用大理岩	799.59	0.00	428.00	371.59	0.12	0.00	1.13	0.08
165	建筑用白云岩	969.59	0.00	311.36	658.23	0.31	0.00	0.55	0.00
166	建筑用砂岩	15.30	0.00	0.00	15.30	0.00	0.00	0.00	0.00
167	建筑用页岩	4.00	0.00	0.00	4.00	0.00	0.00	0.00	0.00
168	饰面用辉长岩	49.00	0.00	0.00	49.00	0.01	0.00	0.02	0.00

续表

序号	矿产类别	投入资金总额 万元	投入资金 万元			主要实物工作量			
			中央财政	地方财政	社会资金	钻探 万米	坑探 万米	槽探 万立方米	浅井 万米
169	饰面用辉绿岩	250.00	0.00	220.00	30.00	0.20	0.00	0.14	0.00
170	饰面用玄武岩	0.00	0.00	0.00	0.00	0.00	0.00	0.00	0.00
171	饰面用闪长岩	14.58	0.00	14.58	0.00	0.00	0.00	0.06	0.00
172	饰面用正长岩	0.00	0.00	0.00	0.00	0.00	0.00	0.00	0.00
173	饰面用辉石岩	0.00	0.00	0.00	0.00	0.00	0.00	0.00	0.00
174	饰面用角闪岩	0.00	0.00	0.00	0.00	0.00	0.00	0.00	0.00
175	饰面用花岗岩	7628.48	0.00	1106.45	6522.03	3.12	0.02	6.81	0.01
176	饰面用二长岩	0.00	0.00	0.00	0.00	0.00	0.00	0.00	0.00
177	饰面用安山岩	0.00	0.00	0.00	0.00	0.00	0.00	0.00	0.00
178	饰面用灰岩	974.71	0.00	300.00	674.71	1.11	0.00	0.77	0.00
179	饰面用大理岩	2959.30	0.00	2119.61	839.69	0.70	0.00	5.39	0.29
180	饰面用蛇纹岩	0.00	0.00	0.00	0.00	0.00	0.00	0.00	0.00
181	饰面用板岩	518.76	0.00	165.00	353.76	0.21	0.00	0.93	0.00
182	火山灰	0.00	0.00	0.00	0.00	0.00	0.00	0.00	0.00
183	火山渣	0.00	0.00	0.00	0.00	0.00	0.00	0.00	0.00
184	片麻岩	0.00	0.00	0.00	0.00	0.00	0.00	0.00	0.00
185	珍珠岩	1137.25	0.00	734.00	403.25	0.51	0.00	0.87	0.00
186	陶粒用页岩	0.00	0.00	0.00	0.00	0.00	0.00	0.00	0.00
187	陶粒用粘土	193.60	0.00	0.00	193.60	0.09	0.00	0.01	0.00
188	石墨	13122.46	1070.00	6215.99	5836.47	5.40	1.35	12.14	0.01
189	石棉	102.00	0.00	72.00	30.00	0.00	0.00	0.00	0.00
190	蓝石棉	0.00	0.00	0.00	0.00	0.00	0.00	0.00	0.00

续表

序号	矿产类别	投入资金总额 万元	投入资金 万元			主要实物工作量			
			中央财政	地方财政	社会资金	钻探 万米	坑探 万米	槽探 万立方米	浅井 万米
191	片云母	47.68	0.00	0.00	47.68	0.05	0.00	0.12	0.00
192	碎云母	88.64	0.00	0.00	88.64	0.01	0.00	0.01	0.00
193	绢云母	0.00	0.00	0.00	0.00	0.00	0.00	0.00	0.00
194	透辉石	85.00	0.00	0.00	85.00	0.00	0.29	0.00	0.00
195	透闪石	0.00	0.00	0.00	0.00	0.00	0.00	0.00	0.00
196	蛭石	0.00	0.00	0.00	0.00	0.00	0.00	0.00	0.00
197	沸石	40.00	0.00	0.00	40.00	0.00	0.00	0.12	0.00
198	石膏	3152.68	0.00	1935.23	1217.45	2.79	0.00	1.19	0.00
199	颜料矿物黄土	312.00	0.00	0.00	312.00	0.11	0.00	0.00	0.00
200	白垩	60.00	0.00	0.00	60.00	0.00	0.01	0.00	0.00
201	天然油石	0.00	0.00	0.00	0.00	0.00	0.00	0.00	0.00
202	浮石	0.00	0.00	0.00	0.00	0.00	0.00	0.00	0.00
203	保温材料用粘土	0.00	0.00	0.00	0.00	0.00	0.00	0.00	0.00
204	铸石用玄武岩	825.00	0.00	0.00	825.00	0.33	0.00	0.00	0.01
205	铸石用辉绿岩	0.00	0.00	0.00	0.00	0.00	0.00	0.00	0.00
206	岩棉用玄武岩	110.00	0.00	110.00	0.00	0.06	0.00	0.00	0.00
207	麦饭石	26.60	0.00	26.60	0.00	0.00	0.00	0.07	0.00
七、水气矿产		6034.05	0.00	1921.56	4112.49	3.82	0.00	0.00	0.00
208	矿泉水	1484.41	0.00	1139.98	344.43	0.13	0.00	0.00	0.00
209	地下水	4549.64	0.00	781.58	3768.06	3.69	0.00	0.00	0.00
210	二氧化碳气	0.00	0.00	0.00	0.00	0.00	0.00	0.00	0.00
211	八、其他	138140.00	138140.00	0.00	0.00	0.00	0.00	0.00	0.28

附表8　2015年全国基础地质调查资金投入情况

区　域	基础地质／万元			
	合　计	中央财政	地方财政	社会资金
	404314.20	245662.60	152191.58	6460.02
北　京	378.00	360.00	0.00	18.00
天　津	1445.00	350.00	1070.00	25.00
河　北	7198.05	2840.00	4350.05	8.00
山　西	1756.75	1350.00	406.75	0.00
内蒙古	47584.62	21043.00	22800.00	3741.62
辽　宁	5925.00	3535.00	2390.00	0.00
吉　林	4153.60	3535.00	463.00	155.60
黑龙江	64958.10	6799.00	58159.10	0.00
上　海	800.00	300.00	500.00	0.00
江　苏	4602.00	2500.00	2010.00	92.00
浙　江	5335.20	2810.00	2347.20	178.00
安　徽	5590.59	4590.00	1000.59	0.00
福　建	7608.81	5039.00	2569.81	0.00
江　西	4550.00	4550.00	0.00	0.00
山　东	3801.05	1690.00	2111.05	0.00
河　南	3401.73	2945.00	456.73	0.00
湖　北	9087.65	5200.00	3887.65	0.00
湖　南	8796.00	8400.00	396.00	0.00
广　东	6390.00	6390.00	0.00	0.00
广　西	10000.69	6090.00	3650.69	260.00
海　南	990.00	990.00	0.00	0.00
重　庆	2206.24	1840.00	249.24	117.00
四　川	10746.80	9825.00	160.00	761.80
贵　州	7060.00	7060.00	0.00	0.00
云　南	12049.40	11870.00	179.40	0.00
西　藏	22658.00	22475.00	0.00	183.00
陕　西	5243.00	2890.00	2353.00	0.00
甘　肃	12950.00	7320.00	5630.00	0.00
青　海	19239.49	15580.00	3659.49	0.00
宁　夏	2441.73	1240.00	1181.73	20.00
新　疆	63220.10	32110.00	30210.10	900.00
其　他	42146.60	42146.60	0.00	0.00

附表 9　2015 年全国水文地质、环境地质与地质灾害调查评价资金投入情况

区　域	地质环境与地质灾害调查评价 / 万元			
	合　计	中央财政	地方财政	社会资金
	267974.82	109885.00	133350.80	24739.02
北　京	9463.51	3190.00	5163.50	1110.01
天　津	3636.90	870.00	2631.00	135.90
河　北	12065.52	4340.00	7441.52	284.00
山　西	11692.16	4530.00	2073.22	5088.94
内蒙古	8387.70	1830.00	5000.00	1557.70
辽　宁	1956.45	800.00	1121.45	35.00
吉　林	1912.19	900.00	1012.19	0.00
黑龙江	14602.67	1050.00	6238.47	7314.20
上　海	559.49	150.00	409.49	0.00
江　苏	6564.83	4030.00	2434.00	100.83
浙　江	6629.74	200.00	6287.54	142.20
安　徽	7386.64	5110.00	1685.82	590.82
福　建	6002.13	2270.00	3052.50	679.63
江　西	13116.87	850.00	12186.87	80.00
山　东	15667.89	3560.00	11470.56	637.33
河　南	1501.38	840.00	656.38	5.00
湖　北	7687.99	7030.00	0.00	657.99
湖　南	12065.46	5360.00	6560.46	145.00
广　东	3533.00	1800.00	1533.11	199.89
广　西	9636.90	4180.00	5295.90	161.00
海　南	4860.80	600.00	4170.80	90.00
重　庆	10025.20	2690.00	7335.20	0.00
四　川	11153.37	6710.00	3831.17	612.20
贵　州	15253.59	3730.00	11518.59	5.00
云　南	5804.91	2250.00	1237.18	2317.73
西　藏	4221.50	3760.00	425.50	36.00
陕　西	8899.66	5210.00	2673.86	1015.80
甘　肃	8111.20	6160.00	1281.00	670.20
青　海	11811.42	4360.00	6831.57	619.85
宁　夏	2873.75	1600.00	966.95	306.80
新　疆	12660.00	1695.00	10825.00	140.00
其　他	18230.00	18230.00	0.00	0.00

附表 10　2015 年全国地质科技及其他资金投入情况

区　域	地质科技及其他 / 万元			
	总投入	中央财政	地方财政	社会资金
	204303.02	73990.00	64224.39	66088.63
北　京	2856.13	135.00	1454.83	1266.30
天　津	5027.90	335.00	4692.90	0.00
河　北	12258.53	100.00	7691.05	4467.48
山　西	7522.68	110.00	294.10	7118.58
内蒙古	1936.40	540.00	697.00	699.40
辽　宁	5512.95	230.00	332.44	4950.51
吉　林	3303.13	220.00	2643.63	439.50
黑龙江	10507.15	465.00	9509.25	532.90
上　海	0.00	0.00	0.00	0.00
江　苏	1800.20	320.00	1088.00	392.20
浙　江	1416.43	270.00	1118.43	28.00
安　徽	5675.60	105.00	3532.16	2038.44
福　建	1824.05	140.00	1331.00	353.05
江　西	1371.40	115.00	1022.00	234.40
山　东	5945.29	130.00	3736.80	2078.49
河　南	1584.29	270.00	1212.54	101.75
湖　北	3640.19	250.00	870.40	2519.79
湖　南	8105.74	105.00	1812.95	6187.79
广　东	9082.81	320.00	940.82	7821.99
广　西	4049.17	225.00	1010.00	2814.17
海　南	3248.12	65.00	2953.02	230.10
重　庆	550.83	185.00	365.83	0.00
四　川	16297.91	325.00	6620.50	9352.41
贵　州	2292.70	460.00	879.23	953.47
云　南	9341.94	350.00	2596.59	6395.35
西　藏	997.50	820.00	169.00	8.50
陕　西	2091.14	195.00	942.67	953.47
甘　肃	2630.79	235.00	1645.00	750.79
青　海	2891.31	515.00	1472.31	904.00
宁　夏	876.36	65.00	770.36	41.00
新　疆	4034.38	760.00	819.58	2454.80
其　他	65630.00	65630.00	0.00	0.00

附表 11　2015 年全国新发现 160 个矿产地信息

序号	矿产地	矿种	规模
1	辽宁省建昌县小德营子水泥石灰石矿详查	水泥用灰岩	大型
2	辽宁省海城市南沟菱镁矿普查	菱镁矿	小型
3	辽宁省朝阳县里朝沟地区锰矿普查	水泥用灰岩	大型
4	河北省邢台市广宗区外围煤炭预查	矿区	小型
5	山东省沂水县金场地区金矿（钛铁矿）普查	岩金	小型
6	山东省烟台市牟平区金庄矿区深部及外围金矿详查	岩金	大型
7	山东省乳山市西井口地区金矿详查	岩金	中型
8	山东省平度市陶家寨地区金矿预查	岩金	小型
9	山东省莒南县东书院地区金矿普查	岩金	小型
10	浙江省安吉县报福镇蒲芦坞矿区铅锌多金属矿地质预查	普通萤石	大型
11	福建省漳平市上石码矿区煤矿预查	矿区	小型
12	福建省德化县上漈矿区煤矿预查	矿区	小型
13	福建省德化县东洋矿区际头－大冻坑矿段金矿勘探暨外围详查	岩金	中型
14	广东省阳山县石寨矿区及外围铅锌多金属矿普查	银	小型
15	广东省阳春市那软金多金属矿详查	岩金	小型
16	广东省连南县磨刀坑铜银多金属矿详查	银	中型
17	广东省鹤山市白云地铅矿详查	铅	中型
18	海南省自治县邦溪镇茂源矿区建筑用花岗岩勘查	建筑用花岗岩	小型
19	海南省琼海市石壁镇长力村河段建筑用河砂矿地质勘查	建筑用砂	小型
20	海南省琼海市龙江镇蒙养村河段建筑用河砂矿地质勘查	建筑用砂	小型
21	海南省琼海市会山镇东太农场三队河段建筑用河砂矿资源地质勘查	建筑用砂	小型
22	海南省临高县波莲镇和勋村建筑用风化凝灰岩勘查	建筑用凝灰岩	小型
23	海南省东方市广坝农场四十二队金矿详查	岩金	小型
24	海南省昌江县海尾镇珠碧江大安村 V1 建筑用河砂矿勘查	建筑用砂	小型
25	吉林省柳河县野猪沟一带铁矿勘探	贫铁	中型
26	山西省长治市沁源县王凤勘查区普查	矿区	中型
27	山西省临汾市洪洞县韩家庄勘查区煤炭普查	矿区	中型
28	河南省荥巩煤田上街－竹川煤普查	矿区	大型

续表

序号	矿产地	矿种	规模
29	河南省淅川－西峡县龙头铁矿普查	石墨（晶质）	大型
30	河南省嵩县石门铷矿矿区详查	铷	中型
31	河南省内乡县雁岭矿区石墨矿勘探	石墨（晶质）	小型
32	河南省栾川县中营－嵩县金矿勘探	铅	大型
33	安徽省宣城市宣州区寨山水泥配料用砂页岩矿普查	水泥配料用砂岩	大型
34	安徽省铜陵县外郎坑铁铅矿普查	贫铁	小型
35	安徽省马鞍山市当涂县耿家庄地区铁矿普查	贫铁	小型
36	安徽省凤阳县王家大山石英岩矿普查	玻璃用石英岩	大型
37	安徽省池州市西山钼矿普查	钼	中型
38	江西省玉山县小洋塘矿区铁矿详查	贫铁	小型
39	江西省玉山县西岗矿区饰面用花岗岩详查	饰面用花岗岩	中型
40	江西省永丰县石马迳地热水可行性勘查	地热	小型
41	江西省弋阳县姚上井矿区熔剂用白云岩矿详查	冶金用白云岩	小型
42	江西省弋阳县管坑－铅山县方家岭铜多金属矿普查	铜	小型
43	江西省宜丰县鼎兴瓷土矿普查	陶瓷土	小型
44	江西省信丰县安西矿区稀土矿普查	稀土风化壳矿床（铈族氧化物）	中型
45	江西省峡江县罗家矿区瓷土矿详查	陶瓷土	小型
46	江西省万安县大潭矿区饰面用板岩矿详查	饰面用板岩	小型
47	江西省铅山县下新田矿区瓷土矿详查	陶瓷土	小型
48	江西省鄱阳县南源汪家粘土矿详查	耐火粘土	小型
49	江西省彭泽县洞坞矿区熔剂灰岩详查	熔剂用灰岩	大型
50	江西省南昌市红谷滩新区厚田地热水可行性勘查	地热	小型
51	江西省芦溪县马鞍寨矿区铁矿详查	贫铁	中型
52	江西省莲花县蕉叶冲铁矿区铁矿详查	贫铁	小型
53	江西省乐安县南坪萤石矿详查	普通萤石	小型
54	江西省靖安县门山地热水可行性勘查	地热	小型
55	江西省井冈山市曲潭地热水可行性勘查	地下水	小型
56	江西省吉水县川峰坳铁矿详查	贫铁	小型

续表

序号	矿产地	矿种	规模
57	江西省会昌县七木山瓷石矿详查	陶瓷土	小型
58	江西省高安市九美矿区瓷土矿详查	陶瓷土	小型
59	江西省高安市分溪瓷土矿普查	陶瓷土	小型
60	江西省赣县永丰矿区稀土矿普查	稀土风化壳矿床（铈族氧化物）	中型
61	江西省赣县尚汶滩矿区稀土矿普查	稀土风化壳矿床（铈族氧化物）	小型
62	江西省赣县金田坑矿区稀土矿普查	稀土风化壳矿床（铈族氧化物）	小型
63	江西省东乡县银峰尖金矿详查	岩金	小型
64	江西省东乡县雄峰天然矿泉水可行性勘查	矿泉水	中型
65	江西省安远县张地坪金矿详查	岩金	小型
66	江西省安福县泰山文家地热水可行性勘查	地热	小型
67	湖南省永顺县青坪钒（钼）矿详查	钒	中型
68	湖南省新化县田坪乡板桥区段煤炭普查	井田	小型
69	湖南省绥宁县寨溪山矿区钨矿普查	钨	中型
70	湖南省平江县张家洞矿区摇钱坡矿段金矿详查	岩金	小型
71	湖南省平江县桥上矿区金矿详查	岩金	中型
72	湖南省临武县茶里岩矿区铅锌多金属矿普查	铅	小型
73	湖南省醴陵市金鸡矿区金矿普查	岩金	小型
74	湖南省洪江市青山洞矿区金矿详查	岩金	小型
75	湖南省衡南县白水矿区钨矿普查	钨	中型
76	湖南省衡东县戴家矿区水泥用石灰岩详查	水泥用灰岩	大型
77	湖南省凤凰县牛耳冲矿区锰矿普查	锰	中型
78	湖南省安化县大福坪矿区钒（石煤）矿详查	钒	中型
79	湖北省咸宁市通城县苦竹坳饰面用花岗岩矿普查	饰面用花岗岩	大型
80	湖北省咸宁市通城县九房矿区饰面花岗岩矿普查	饰面用花岗岩	大型
81	河南省镇平县楸树湾矿区深部及外围铜钼矿预查	钼	中型
82	四川省洪雅县大岩窝矿区铅锌矿详查	铅	小型
83	四川省汉源县铁厂沟矿区铅锌矿详查	锌	小型
84	四川省德阳市绵竹市王家坪丝瓜架磷矿勘探	磷矿	中型

续表

序号	矿产地	矿种	规模
85	四川省德阳市绵竹市龙林磷矿勘探	磷矿	中型
86	云南省元阳县堕谷－金平县老集寨铜金多金属矿勘探	铜	中型
87	云南省石屏县法乌铜多金属矿区法乌铅锌矿勘查	铅	小型
88	云南省马龙县大发塝钼多金属矿普查	钼	中型
89	云南省金平县马鞍底铁矿勘探	贫铁	大型
90	云南省金平县龙脖河铜矿新街矿段地质勘探	铜	中型
91	云南省会泽县驾车钼镍（磷钾钒）矿普查	磷矿	大型
92	贵州乌蒙山地区优势矿产资源综合调查评价	锌	大型
93	贵州省毕节地区纳雍县比德向斜北西翼煤炭整装勘查	井田	大型
94	贵州省安顺市普定县化处煤炭整装勘查	井田	大型
95	广西龙州县民建地区铝土矿详查	铝土矿	中型
96	广西横县镇龙矿区高岭土矿预查	高岭土	大型
97	广西博白县元陂岭矿区高岭土矿详查	高岭土	大型
98	内蒙古自治区正镶白旗东胡矿区银铅锌多金属矿勘探	银	中型
99	内蒙古自治区新巴尔虎右旗三角地勘查区煤炭详查	井田	大型
100	内蒙古自治区新巴尔虎右旗哈拉胜格拉陶勒盖矿区铅锌银矿勘探	铅	中型
101	内蒙古自治区西乌珠穆沁旗白音查干东山矿区铜铅锡银锌矿补充勘探	锌	大型
102	内蒙古自治区西乌珠穆沁旗巴其北煤炭普查	矿区	大型
103	内蒙古自治区乌拉特中旗图古日格矿区岩金矿补充生产详查	岩金	中型
104	内蒙古自治区乌拉特中旗石哈河矿区银铅锌矿勘探	银	中型
105	内蒙古自治区乌拉特中旗哈达图矿区晶质石墨矿详查	石墨	大型
106	内蒙古自治区乌拉特前旗脑包沟矿区白云常合山矿段岩金矿详查	岩金	中型
107	内蒙古自治区乌拉特前旗东五分子矿区岩金矿生产详查	岩金	中型
108	内蒙古自治区乌海市卡布其矿区黑色冶金熔剂用石灰岩矿	冶金用灰岩	大型
109	内蒙古自治区乌海市呼珠不沁希勒矿区制碱及水泥用石灰岩矿详查	制碱用灰岩	大型
110	内蒙古自治区太仆寺旗千斤沟矿区Ⅱ矿段锡钨多金属矿勘探	锡	中型
111	内蒙古自治区苏尼特左旗乌兰敖包矿区钙镁磷肥用蛇纹岩矿详查	化肥用蛇纹岩	大型
112	内蒙古自治区苏尼特右旗白音敖包矿区钙镁磷肥用蛇纹岩矿详查	化肥用蛇纹岩	大型

续表

序号	矿产地	矿种	规模
113	内蒙古自治区四子王旗苏莫查干敖包矿区 08 ～ 20 线萤石矿勘探	萤石	大型
114	内蒙古自治区清水河县后火盘矿区水泥用石灰岩矿勘探	水泥用灰岩	大型
115	内蒙古自治区科尔沁右翼前旗巴根黑格其尔矿区（一区）947–500m 标高铁铅锌矿勘探	锌	中型
116	内蒙古自治区集宁煤田马莲滩矿区煤炭	井田	中型
117	内蒙古自治区根河市三河矿区北段绿荫山矿段铅锌矿勘探	锌	中型
118	内蒙古自治区鄂托克旗沙尔毛德沟矿区南矿段西区水泥用石灰岩矿勘探	水泥用灰岩	大型
119	内蒙古自治区鄂托克旗沙尔毛德沟矿区南矿段东区水泥用石灰岩矿勘探	水泥用灰岩	大型
120	内蒙古自治区鄂托克旗恰布嘎图矿区石墨矿　超贫磁铁矿勘探	石墨	中型
121	内蒙古自治区鄂伦春自治旗新福村北矿区锌铁矿勘探	锌	中型
122	内蒙古自治区鄂伦春自治旗上坑锅矿区铅锌矿详查	锌	中型
123	内蒙古自治区东乌珠穆沁旗白音霍布尔勘查区煤炭普查	矿区	大型
124	内蒙古自治区东胜煤田羊市塔一矿煤炭	井田	中型
125	内蒙古自治区东胜煤田羊市塔二矿煤炭	井田	中型
126	内蒙古自治区东胜煤田铜匠川详查区金通煤矿煤炭	井田	中型
127	内蒙古自治区达尔罕茂明安联合旗庆达木矿区饰面石材花岗岩矿详查	饰面花岗岩	大型
128	内蒙古自治区察哈尔右翼中旗大清河矿区岩金矿勘探	岩金	中型
129	内蒙古自治区阿拉善左旗查汗木胡鲁矿区晶质石墨矿勘探	石墨	大型
130	内蒙古自治区阿拉善右旗红山矿区铜金矿勘探	铜	小型
131	甘肃省张掖市肃南裕固族自治县卡瓦一带铁矿普查	贫铁	大型
132	甘肃省肃北县公婆泉二区铜矿普查（续作）	铜	小型
133	甘肃省陇南市宕昌县下坪头锑铜多金属矿普查	锑	小型
134	甘肃省酒泉市肃北蒙古族自治县杨岭铁多金属矿普查	贫铁	中型
135	甘肃省酒泉市敦煌市五一山钒矿普查	钒	中型
136	青海沱沱河楚多曲—直钦赛加玛铅锌多金属矿调查评价	银	中型
137	青海省海南藏族自治州同德县加吾矿区金钨矿普查	钨	小型
138	青海省格尔木市卡而却卡铜多金属矿普查	岩金	小型
139	新疆焉耆县霍拉沟一带花岗岩矿十二区预查	饰面用花岗岩	中型
140	新疆裕民县苏九河 HS–20 号钼多金属矿勘探	钼	大型

续表

序号	矿产地	矿种	规模
141	新疆伊宁县恰布坎卓它一带金矿勘探	岩金	小型
142	新疆叶城县柯克牙乡石灰岩矿勘探	水泥用灰岩	中型
143	新疆托里县阔巴什阔腊金矿勘探	岩金	中型
144	新疆鄯善县库姆塔格－沙尔湖煤矿区第四勘查区普查	矿区	大型
145	新疆若羌县红柳沟铁矿勘探	铬	小型
146	新疆青河县喀腊马依勒金矿勘探	岩金	小型
147	新疆奇台县黄羊山岩体花岗岩饰面石材矿一区勘探	饰面用花岗岩	大型
148	新疆奇台县黄羊山岩体花岗岩饰面石材矿二区勘探	饰面用花岗岩	大型
149	新疆民丰县牙普克可里铜多金属矿勘探	铜	中型
150	新疆民丰县硝尔库勒锑矿普查	锑	大型
151	新疆吉木萨尔县－奇台县白杨河一带油页岩勘探	油页岩	小型
152	新疆和静县察汉乌苏铁矿详查	贫铁	小型
153	新疆哈密市延东铜矿勘探	铜	大型
154	新疆哈密市思甜石灰岩矿详查	水泥用灰岩	中型
155	新疆哈密市了墩南钠硝石矿详查	钠硝石	中型
156	新疆哈巴河县哲兰德金矿东区详查	岩金	小型
157	新疆富蕴县哈西翁水泥用石灰岩矿详查	水泥用灰岩	小型
158	新疆东疆地区碎石梁煤矿普查	矿区	小型
159	新疆博乐市阿拉赛依4号花岗岩预查	饰面用花岗岩	小型
160	新疆阿克苏市黑山白云岩矿普查	冶金用白云岩	中型

附表12　2015年全国新发现矿产地规模情况汇总表

省　份	合计／处	大型／处	中型／处	小型／处
合　计	160	42	54	64
北　京	0	0	0	0
天　津	0	0	0	0
河　北	1	0	0	1

续表

省　份	合计／处	大型／处	中型／处	小型／处
山　西	2	0	2	0
内蒙古	33	15	17	1
辽　宁	3	2	0	1
吉　林	1	0	1	0
黑龙江	0	0	0	0
上　海	0	0	0	0
江　苏	0	0	0	0
浙　江	1	1	0	0
安　徽	5	2	1	2
福　建	3	0	1	2
江　西	29	1	5	23
山　东	5	1	1	3
河　南	6	3	2	1
湖　北	2	2	0	0
湖　南	12	1	6	5
广　东	4	0	2	2
广　西	3	2	1	0
海　南	7	0	0	7
重　庆	0	0	0	0
四　川	4	0	2	2
贵　州	3	3	0	0
云　南	6	2	3	1
西　藏	0	0	0	0
陕　西	0	0	0	0
甘　肃	5	1	2	2
青　海	3	0	1	2
宁　夏	0	0	0	0
新　疆	22	6	7	9
台　湾	0	0	0	0